Louis Figuier

Le Télégraphe Aérien

Les Merveilles de la science

ISBN : 978-1519190970

10 9 8 7 6 5 4 3 2 1

Louis Figuier

Le Télégraphe Aérien

Les Merveilles de la science

Table de Matières

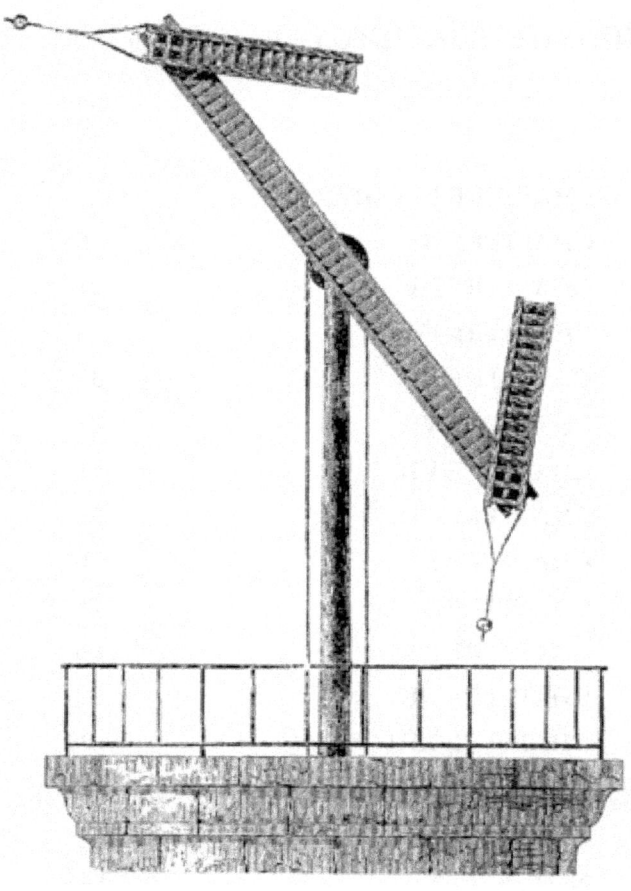

En 1855, le télégraphe électrique a remplacé, en France, le télégraphe aérien, forcé de disparaître devant son puissant rival. La télégraphie aérienne est donc un peu oubliée aujourd'hui. Cependant, cette invention a sa glorieuse histoire. Elle est française, et par son inventeur et par le gouvernement qui l'accueillit et la propagea, au milieu des embarras et des périls de la guerre étrangère. Sans doute, nous envisageons aujourd'hui avec quelque pitié ces grêles tiges de fer, qui se dessinaient sur le fond du ciel, agitant leurs bras persillés, ne transmettant des signaux que pendant le jour, et par une atmosphère sereine. Mais si l'on se reporte à l'époque de cette invention, c'est-à-dire au temps des

Louis Figuier

diligences et des malles-postes, on partagera l'admiration qu'ont éprouvée nos pères, quand ils voyaient transmettre en une heure une dépêche de Paris à Marseille, à travers une série de postes échelonnés, sans que les signaux, étalés librement aux yeux de tous, fussent compris par personne, sinon par l'expéditeur de Paris et le destinataire de Marseille.

Née dans notre patrie, la télégraphie aérienne, répandue promptement dans le monde entier, a inauguré l'ère féconde de la transmission rapide et lointaine de la pensée, au moyen de signaux. Elle a ainsi préparé la voie à une invention plus merveilleuse encore, celle de la télégraphie électrique, et ne s'est retirée devant elle, qu'après avoir rendu à notre pays des services dont le souvenir est impérissable.

À tous ces titres, nous croyons devoir, avant d'aborder la télégraphie électrique, consacrer une notice spéciale au télégraphe aérien.

CHAPITRE PREMIER

L'ART DES SIGNAUX CHEZ LES GRECS, LES ROMAINS ET LES ORIENTAUX, DANS L'ANTIQUITÉ.

Comme l'indique son nom, tiré du grec et composé avec beaucoup de justesse de τῆλε, loin, et γράφω, j'écris, un *télégraphe* est un appareil qui écrit à longue distance, c'est-à-dire destiné à faire parvenir rapidement un message, à l'aide de signaux, entre deux points très-éloignés.

Chez tous les peuples et dans tous les temps, on a employé divers systèmes de signaux pour transmettre rapidement des avis d'un point à un autre. Il ne sera pas sans intérêt de jeter un coup d'œil sur les progrès de l'art des signaux, depuis son origine jusqu'à nos jours.

Si l'on remonte à l'époque la plus reculée de l'histoire, on trouve les premiers vestiges de la télégraphie attachés aux temps héroïques. Thésée, en partant pour la conquête de la toison d'or, avait arboré des voiles noires sur son vaisseau, promettant de leur substituer des voiles blanches, s'il revenait vainqueur. Mais il oublia cette promesse. À son retour, le vieil Egée, voyant apparaître le vaisseau avec ses mêmes voiles noires, crut que son fils avait succombé dans son entreprise, et il se précipita dans les flots.

Homère et Pausanias font mention des signaux de feu que Palamède et Simon employaient dans la guerre de Troie. C'est au moyen de flambeaux disposés dans un ordre convenu, que, même avant le siège de Troie, Lyncée annonça à Hypermnestre, qu'il avait échappé à Danaüs ; et c'est par un fanal placé sur le fort de la ville de Larisse, qu'Hypermnestre fit connaître, à son tour, qu'elle était hors de danger.

Le poëte Eschyle a décrit, dans sa tragédie d'*Agamemnon*, une sorte de ligne télégraphique. Il suppose qu'Agamemnon, pour annoncer à Clytemnestre la prise de Troie, avait échelonné, sur toute la route, des porteurs de flambeaux. Le poëte fait parler ainsi le dernier homme chargé d'observer ces signaux :

« Grâce aux dieux, l'heureux signal perce l'obscurité. Salut, flambeau de la nuit, qui fais luire un beau jour ! »

Clytemnestre s'empresse d'annoncer la bonne nouvelle au chœur tragique. On lui demande quel message a pu l'instruire si vite de cet événement glorieux, et la reine l'explique en ces termes :

« Celui qui nous a appris cette nouvelle, c'est Vulcain, au moyen des feux qu'il a allumés sur le mont Ida. De foyer en foyer, la flamme messagère a volé jusqu'ici. Du mont Ida, le signal lumineux a passé à Lemnos ; de cette île, le sommet du mont Athos a reçu le troisième signal. Ce signal provenant d'un flambeau résineux, a voyagé sur la surface des eaux d'Hellé, et a doré de ses rayons le poste de Maciste, Celui-ci n'a point tardé à remplir son devoir, et son fanal a bientôt averti les gardiens du Messape aux bords de l'Euripe ; ils y ont répondu, et transmis le signal en allumant un monceau de bruyère sècbe, dont la clarté, parvenant rapidement au delà des plaines de l'Asope, jusqu'au mont Cithéréen, a continué la succession de ces feux voyageurs. Le garde de ce mont a allumé un fanal, dont la lueur a percé comme un éclair jusqu'au mont d'Egiplanète, au delà des marais de Gorgopis, où les surveillants que j'avais placés, ont fait sortir d'un vaste bûcher des tourbillons de flamme, qui ont éclairé l'horizon jusqu'au delà du golfe Saronique, et ont été aperçus du mont Arachné. Là veillaient ceux du poste le plus voisin de nous, qui ont fait luire sur le palais des Atrides ce feu si longtemps désiré ! »

On ne saurait dire, avec certitude, si Eschyle rapporte en ces termes un fait historique, ou seulement le produit de son imagination. Mais ce passage du tragique grec suffit pour établir que l'emploi de signaux convenus d'avance pour annoncer une nouvelle, était alors bien connu. Eschyle n'aurait point parlé de ce fait, s'il n'eût été dans les habitudes de son temps.

On croirait, en effet, à lire les auteurs grecs, qu'aux temps primitifs de son histoire, la Grèce était couverte de tours et de phares destinés à produire ces « flammes messagères » dont parle Eschyle. On appelait *pyrses* (πυρσὸς) des feux que l'on apercevait, la nuit, par leur lumière, et le jour par leur fumée. On appelait *phares* (φάρος) les tours destinées à recevoir de plus grands feux ;*phryctes* (φρυκτὸς) de petits signaux formés par les torches ; φρυκτωρὸς επυρσευτὴς la sentinelle qui veillait à ces feux ; πυρσεἰα, la dépêche elle-même, etc.

Les Grecs employaient encore, comme signaux, d'autres moyens que le feu. Ils faisaient usage de la voix, du bruit, de la fumée et des drapeaux. Ils appelaient σὐμβολα et σημεῖα, les signaux sonores ou oraux qui servaient à donner un mot d'ordre, et συνθἠματα, les signes visibles qui se faisaient sans bruit, en agitant les mains ou certaines armes. Παρασυνθἠματα σημεῖαdésignaient des étendards ou des drapeaux. C'est surtout pendant la guerre que ces moyens étaient en usage.

Thucydide décrit des fanaux que l'on attachait au haut de grandes perches, et que l'on disposait le long des chemins, devant les villes assiégées, pour servir de signaux aux combattants. On s'en servit beaucoup pendant la guerre du Péloponèse, et lors du combat de Salamine.

Sur le promontoire de Sigée, à 75 stades de Ténédos, il existait une tour destinée à porter des fanaux.

Ptolémée Philadelphe, roi d'Egypte (285 ans avant J.-C.), fit élever beaucoup de tours semblables dans l'île de Pharos.

Pharos était une île voisine du port d'Alexandrie, qui fut jointe au continent par un môle. On construisit à la pointe de ce môle, une haute tour, au sommet de laquelle étaient entretenus, la nuit, des feux qui servaient à signaler le port aux vaisseaux. De là est venu, dans notre langue, le nom de *phare*.

Alexandre le Grand reçut d'un habitant de Sidon, la proposition de perfectionner les moyens de correspondance connus de son temps. Le Sidonien proposait au vainqueur de Darius, d'établir un système de communications rapides entre tous les pays soumis à sa domination. Il ne demandait que cinq jours pour lui donner des avis du lieu le plus éloigné de ses conquêtes dans l'Inde, jusqu'à la Macédoine, Alexandre regarda ce projet comme un rêve, et rejeta avec mépris l'offre de l'étranger. Celui-ci se retira donc. Mais à peine eut-il disparu, qu'Alexandre, réfléchissant aux résultats politiques et militaires qu'amènerait l'expédition prompte des ordres et des messages, ordonna de rappeler l'auteur du projet qu'il avait d'abord repoussé. Mais on ne put le retrouver, quelque recherche que l'on fît, et Alexandre se repentit d'avoir repoussé une proposition qu'il n'avait point examinée.

Æneas le tacticien, qui vivait 336 ans avant Jésus-Christ, avait imaginé plusieurs manières de faire passer des avis dans les camps. Polybe a fait connaître un des procédés télégraphiques inventés par Æneas, qui mérite d'être signalé, en raison de sa singularité.

On plaçait, à certaine distance, plusieurs personnes portant chacune un vase d'airain de même grandeur, et contenant une même quantité d'eau. Chaque vase était percé sur un côté, d'un trou, d'égal diamètre pour tous. Un *flotteur*, composé d'un morceau de liège, nageait sur l'eau, et portait un bâton vertical, divisé en parties égales. Sur chacune des divisions du bâton, était inscrite une des phrases ou avis à transmettre. Chaque stationnaire porteur du vase d'airain, tenait de l'autre main une torche. Quand il s'agissait de transmettre à distance une des phrases ou avis inscrits sur la tige du flotteur, le premier stationnaire élevait sa torche pour éclairer le vase d'airain ; puis il débouchait le trou du vase, et faisait écouler la quantité d'eau nécessaire pour que la division de la tige portant l'ordre à transmettre se trouvât vis-à-vis du bord. Alors il baissait sa torche et arrêtait l'écoulement de l'eau. Le stationnaire suivant imitait la manœuvre du premier et laissait écouler la même quantité d'eau. Ainsi se transmettait, de poste en poste, l'avis inscrit sur un point particulier de la tige du flotteur.

Fig. 2. — Æneas le tacticien invente l'art des signaux phrasiques, 336 ans avant J.-C.

Ce moyen était fort grossier. Il fallait que les hommes fussent nombreux, et placés à des distances bien courtes, pour pouvoir apercevoir et se transmettre, l'un à l'autre, la manœuvre à exécuter. Au temps d'Æneas c'est-à-dire 336 ans avant Jésus-Christ, l'art télégraphique, chez les Grecs, était donc tout à fait dans l'enfance.

CHAPITRE PREMIER

Cet art fut perfectionné grâce à l'idée de signaler au moyen des feux, non des phrases convenues d'avance, mais bien les lettres de l'alphabet.

Jules l'Africain nous apprend qu'un système télégraphique qui fut inventé en Grèce, après Æneas, consistait à disposer huit feux, au-devant et à une certaine distance desquels, on allumait trois autres feux plus petits. Les huit grands feux servaient à désigner un groupe de lettres de l'alphabet, qu'on avait divisé en huit parties. Les trois feux accessoires désignaient la place de la lettre dans chacune des huit divisions de l'alphabet.

Cléomène et Polybe simplifièrent cette méthode.

Polybe, l'historien militaire de la Grèce, qui écrivait 150 ans environ avant Jésus-Christ, divisa l'alphabet en cinq groupes seulement. Deux murailles étant disposées l'une près de l'autre, le stationnaire se plaçait entre ces deux murailles, qui servaient à cacher des torches. Pour indiquer à son correspondant la 24ᵉ lettre de l'alphabet par exemple, il faisait apparaître d'abord cinq torches à sa droite, qui indiquaient la cinquième division de son alphabet ; puis quatre torches à sa gauche, pour marquer le rang que la lettre occupait dans sa division.

Fig. 3. — Polybe, 150 ans avant Jésus-Christ, invente l'art des

signaux alphabétiques.

Nous devons ajouter qu'un long tuyau de bois ou d'airain, fixé à chaque muraille, servait à diriger la vue du stationnaire vers le point que l'on voulait observer.

On ne peut s'empêcher de voir dans cette invention de Polybe, la première idée de la télégraphie aérienne, qui ne fut réalisée qu'à la fin du dernier siècle, par les frères Chappe.

Rollin nous dit pourtant que cette méthode ne produisit que de médiocres résultats, car elle ne pouvait porter les avis qu'à une faible distance. Il est vrai que, pour signaler un seul mot, il fallait exécuter un si grand nombre de mouvements de torches, qu'une nuit entière devait à peine suffire à transmettre une phrase de quelques mots, chaque lettre exigeant 5 à 6 signaux.

Toutefois, en dépit de son imperfection pratique, cette méthode était excellente, et l'on peut dire que la télégraphie aérienne était créée, car la désignation conventionnelle des lettres de l'alphabet est un très-bon moyen télégraphique.

Les Romains empruntèrent aux Grecs la télégraphie, mais ils la perfectionnèrent peu. L'esprit d'invention et de recherches manquait au peuple romain qui ne sut jamais qu'empruntera la Grèce ses inventions et ses idées, sans y rien ajouter d'important.

Ce n'est même qu'un peu tard, c'est-à-dire au temps des guerres puniques, que les Romains adoptèrent la télégraphie. Ils l'avaient sans doute apprise de Polybe, qui fut le commensal de Scipion, ou bien encore d'Annibal, qui avait fait élever des tours d'observation en Afrique et en Espagne, et qui faisait usage de feux d'un tel éclat qu'ils étaient visibles jusqu'à la distance de 67 500 pieds romains.

Quoi qu'il en soit, vers le temps de César, la télégraphie était devenue très en usage chez les Romains. Ils établissaient partout où s'étendaient leurs conquêtes, un système de communications rapides, qui favorisait singulièrement l'exercice de leur autorité sur les peuples soumis à leur domination.

César fit grand usage des signaux de feu dans son expédition des Gaules. La certitude et la rapidité des mouvements de son armée, ne peuvent s'expliquer que par l'emploi multiplié des signaux militaires.

Du reste, les Gaulois eux-mêmes se servaient des mêmes moyens, pour déjouer la stratégie des Romains. C'est ce que nous apprend César lui-même dans ses *Commentaires* :

« Lorsqu'il arrivait, dit César, des événements extraordinaires, les Gaulois s'avertissaient par des cris qui étaient entendus d'un lieu à l'autre ; de sorte que le massacre des Romains, qui avait été fait à Orléans, au lever du soleil, fut su à neuf heures du soir en Auvergne, à quarante lieues de distance. »

Sous les empereurs, tous les pays soumis à la domination romaine étaient, comme on le sait, sillonnés d'admirables routes. Le long de ces routes, s'élevaient, de distance en distance, des tours, destinées à transmettre les signaux. On avait relié ensemble l'Asie et l'Afrique par des tours allant de la Syrie à l'Egypte et d'Antioche à Alexandrie. Une multitude de villes étaient ainsi rattachées à la métropole des bords du Tibre. En Italie 1 197 villes, 1 200 dans les Gaules, 306 dans l'Espagne, 500 en Asie, formaient du nord-ouest au sud-ouest, une ligne télégraphique qui n'avait pas moins de 1 400 lieues de longueur[1].

Les ruines de quelques tours élevées par les Romains, pour servir à ces communications, se voient encore en France. À Nîmes, la *Tour magne*, qui domine l'admirable promenade de la fontaine, les hautes tours d'Uzès, d'Arles et de Bellegarde, avaient été construites, d'après l'opinion des archéologues modernes les plus accrédités, pour recevoir des vedettes, des vigies, des sentinelles romaines, qui échangeaient rapidement des avis avec les contrées voisines.

Tibère, retiré sur son rocher de l'île Caprée, au sein de sa voluptueuse retraite, recevait de Rome, au moyen de signaux, qui volaient de phare en phare, des nouvelles des différentes parties de son empire[2].

Il n'est pas impossible de se représenter aujourd'hui la disposition d'un poste télégraphique romain. Sur l'un des bas-reliefs de la colonne Trajane, qui s'élève encore aujourd'hui à Rome, et qui nous conserve la précieuse reproduction des équipements, des armes et des machines de guerre employés chez les Romains, on voit sculpté l'un de ces postes télégraphiques (fig. 4). C'est une tour environnée d'une palissade. Elle est pourvue d'un balcon, et d'une fenêtre donnant passage à une torche enflammée.

Fig. 4. — Poste télégraphique romain d'après le bas-relief de la colonne Trajane à Rome.

L'art des signaux, dont nous venons de suivre les progrès chez les Grecs et les Romains, fut également mis en pratique chez les anciens peuples de l'Orient. Les Scythes faisaient usage de feux ou de fumée, comme moyen d'avertissement lointain.

Les Chinois, chez lesquels on trouve toujours quelque trace des inventions modernes de l'Occident, avaient placé des phares, ou machines à feu, sur leur grande muraille, longue de 188 lieues, ils pouvaient ainsi donner l'alarme à toute la frontière qui les séparait des Tartares, lorsqu'une horde de ces peuples venait à les menacer.

Comme l'art de produire des feux d'une prodigieuse intensité a été connu de temps immémorial en Orient, on ne sera pas surpris d'apprendre que les Chinois et les Indiens fissent usage, comme signaux, de feux dont la lumière était si brillante, qu'elle perçait les brouillards et défiait les vents et la pluie.

À Constantinople, les signaux de feu placés sur une montagne voisine, annonçaient, en peu d'heures, les mouvements des Sarrasins. Le premier poste était près de Tarse. Venaient ensuite ceux des monts Argent, Isamus, Egésus, la colline de Marnas, le Cérisus, le Mocilus, la colline Auxentius, et le cadran du phare du palais[3].

Le plus énergique et le plus clair de tous les télégraphes physiques employés par les Orientaux, était celui de Tamerlan. Ce conquérant terrible, quand il faisait le siège d'une ville, n'employait que trois signaux. Le premier était un drapeau blanc, et voulait dire : « Rendez-vous, j'userai de clémence. »

Le second jour, Tamerlan faisait arborer un drapeau rouge, qui signifiait : « Il faut du sang, le commandant de la place et les sous-officiers payeront de leur tête le temps qu'ils m'ont fait perdre. »

Le troisième et dernier signal était un drapeau noir, et voulait dire : « Que la ville se rende ou qu'elle soit prise d'assaut, je mettrai tout à feu et à sang. »

Mais revenons en Europe, pour suivre, à partir du moyen âge jusqu'à nos jours, les progrès de l'art télégraphique.

CHAPITRE II

L'ART DES SIGNAUX AU MOYEN AGE.

Polybe avait créé, chez les Grecs, l'art des signaux par l'invention du *système alphabétique*. Mais, comme nous l'avons fait remarquer, la multitude des mouvements nécessaires pour indiquer une phrase, aurait produit une confusion et une perte de temps considérables, et rendu ainsi impossible la transmission d'une dépêche un peu étendue. Le *système alphabétique* de Polybe, comme aussi le *système phrasique* des Romains et des Orientaux, ne pouvaient servir que dans les camps, pour communiquer d'un quartier à un autre, pour donner des ordres ou faire passer des avis à une ville assiégée. Une correspondance générale de télégraphie ne pouvait s'accommoder de moyens aussi imparfaits.

Pour *écrire de loin*, selon l'objet et l'étymologie du télégraphe, il faut *voir de loin*. Avant la création de la physique, et en particulier de l'optique, on ne pouvait donc arriver à aucun résultat sérieux en ce genre. L'invention des miroirs concaves réflecteurs, mais surtout l'invention de la lunette d'approche, pouvaient seuls permettre de créer l'art télégraphique. Aussi faut-il arriver jusqu'au XVIe et au XVIIe siècle, pour assister à la naissance, ou du moins aux premiers essais, d'une télégraphie sérieuse.

Déjà, au XVe siècle, l'illustre et malheureux Roger Bacon avait parlé de la possibilité de se servir de grands miroirs concaves pour voir à longue distance. Roger Bacon croyait que Jules César, quand il se préparait à traverser la mer, pour attaquer la Grande-Bretagne, s'était servi de ce moyen pour voir ce qui se passait de l'autre côté du détroit. Il en concluait que l'on pourrait par le même système, c'est-à-dire avec de grands miroirs concaves, apercevoir de loin les villes et les armées[4].

Jean-Baptiste Porta, l'inventeur de la chambre obscure, l'auteur de la *Magie naturelle*, était si bien persuadé de la possibilité de réfléchir de très-loin les rayons lumineux, au moyen des miroirs concaves, qu'il parlait d'établir un télégraphe, en faisant réfléchir sur la surface de la lune, qui aurait servi de plan réflecteur, des signaux formés sur la terre[5].

Déjà, un rêveur du moyen âge, Corneille Agrippa, qui avait l'exagération scientifique de Porta, sans avoir le génie d'observation et de recherches de celui-ci, avait prétendu que Pythagore, voyageant en Egypte, écrivait à ses amis au moyen de caractères expédiés sur la lune.

Le père Kircher, bien qu'il fût tout aussi infatué de merveilleux que les hommes de son temps, taxe de chimérique l'idée de Jean-Baptiste Porta. Pour que la lune, nous dit Kircher, pût produire cet effet, il faudrait qu'elle eût la propriété de réfléchir les objets comme une glace ; que le miroir qui lui ferait passer les signaux fût aussi grand que le diamètre de la terre, et que chaque signal eût vingt degrés de hauteur.

Si l'invention de Porta est quelque peu difficile à comprendre, l'objection de son savant critique est encore plus obscure pour nous. Mais c'est ainsi que l'on discutait entre savants, au moyen âge.

Le père Kircher, qui blâmait, chez Porta, l'usage de la lune comme moyen de télégraphie, s'accommodait pourtant du soleil dans la même intention. Il aurait voulu se servir, comme nous allons le dire, des rayons solaires, pour correspondre entre des lieux éloignés.

Chappe, dans son *Histoire de la télégraphie*, décrit ainsi le procédé de Kircher :

« Son procédé était d'écrire sur un miroir de métal les lettres des mots qu'il voulait transmettre : on plaçait à quelque distance une lentille de verre, au travers de laquelle on réfléchissait avec le miroir les rayons du soleil sur le lieu où l'on voulait les faire parvenir. Ce lieu doit être une chambre dont les murs intérieurs soient peints en noir. L'image des caractères tracés sur le miroir se dessine sur la muraille ; les lettres conservent même la couleur qu'on leur a donnée en les écrivant ; et si, au lieu d'une phrase, vous peignez une figure, le spectre réfléchi par le miroir conserve les formes et les couleurs que vous avez données au dessin. C'est ainsi que Roger Bacon, dit Kircher, se rendait visible à ses amis absents.

« La même méthode peut servir pendant la nuit : en recueillant les rayons d'un flambeau ou de la lune avec un verre propre à grossir les objets, les caractères et les dessins, dit Kircher, seront portés fort loin.

« Cette dernière phrase nous paraît fort vague ; c'est la distance à laquelle les rayons peuvent être réfléchis, qui est le point capital dans cette opération ; il paraît incroyable, remarque Kircher lui-même, qu'avec un miroir on puisse se parler à une distance de trois lieues ; car les caractères tracés sur la glace s'affaiblissent à raison de l'éloignement, et se grossissent jusqu'à devenir comme des tours. Ma découverte n'en est pas moins certaine ; c'est une chose indubitable, c'est une chose vraiment divine ; je ne l'ai confiée qu'à une seule personne, et elle peut assurer la réalité de ce que j'avance »

« Il est difficile de bien juger de cette espèce de lanterne magique, sans faire une suite d'expériences qui puissent servir à constater les faits annoncés par l'auteur, et à trouver ceux dont il avoue n'avoir eu ni le talent ni les moyens de faire la découverte. »

Un autre savant de cette époque, François Kessler, ne portait pas ses prétentions aussi loin que le père Kircher, ou son prédécesseur Jean-Baptiste Porta. Il n'avait recours ni au soleil ni à la lune, et s'il employait une lumière, nous allons voir qu'il la mettait littéralement sous le boisseau.

En effet, Kessler enfermait à l'intérieur d'un tonneau, une lampe munie d'un réflecteur. Au-devant du tonneau était une trappe qu'on levait ou abaissait au moyen d'une tige recourbée à angle droit, de façon à apercevoir ou à cacher à volonté, la lampe placée dans le tonneau. La trappe élevée une fois, indiquait la première lettre de l'alphabet ; abaissée deux fois, elle indiquait la seconde, et ainsi de suite.

C'était toujours, on le voit, le système alphabétique de Polybe ; seulement, il était mis en pratique par des moyens bizarres.

On peut appliquer la même remarque critique aux projets de Gaspard Schott et de Becher, médecins de l'électeur de Mayence. Ils proposèrent de se servir de bottes de paille ou de foin, qu'on ferait rouler sur cinq mâts séparés les uns des autres. Chaque mât devait être partagé en cinq divisions, chaque division ayant la valeur d'une lettre, qui aurait été ainsi désignée par la hauteur qu'occupait sur le mât la botte de foin. Un flambeau aurait remplacé, pendant la nuit, la botte de foin.

C'était une amélioration au système de Polybe, en ce que cette méthode n'exigeait que deux signes par lettre ; mais ces divisions n'eussent pas été facilement aperçues. Becher le sentit lui-même, comme on le voit dans une lettre qu'il écrivit à Schott, où il annonçait qu'il n'emploierait plus que deux signaux.

Becher n'a pas expliqué de quelle manière il eût combiné ces deux signaux ; mais ce ne pouvait être que par l'arithmétique binaire qu'il avait, à ce qu'il paraît, découverte avant Leibnitz.

Le système de Becher, malgré l'emploi de l'arithmétique binaire, n'aurait donné aucun bon résultat. Il aurait exigé autant de signaux que la répétition des feux de Polybe. D'après Chappe, il aurait fallu onze signaux pour exprimer un nombre de cinq chiffres[6].

Toutes ces tentatives ne pouvaient aboutir à aucun résultat utile, parce qu'elles ne reposaient point sur des expériences exactes.

Il en fut tout autrement de celles d'un physicien anglais, Robert Hooke, qui, à la fin du XVIIe siècle, exécuta et mit en pratique un télégraphe à signaux, qui peut être considéré comme le premier modèle du télégraphe aérien moderne.

Robert Hooke substitua aux drapeaux et aux pavillons, dont on avait fait souvent usage, des corps opaques de forme particulière, placés très-haut en l'air, et visibles à de grandes distances. Dans un *Discours* lu le 21 mars 1684, à la *Société royale de Londres*, Robert Hooke décrit avec beaucoup de soin l'appareil qu'il a inventé. Il insiste sur la manière de placer les stations à des distances convenables, sur le meilleur éclairage des machines, etc. Toutes ces observations dénotent un physicien habile.

La machine que Robert Hooke avait construite, consistait en un large écran, c'est-à-dire une planche peinte en noir, placée au milieu d'un châssis, et élevée à une grande distance en l'air. Divers signaux, de forme particulière, étaient cachés derrière l'écran, et servaient, quand on les faisait apparaître, à exprimer les lettres de l'alphabet. Quelques signaux n'exprimaient pas des lettres, mais des phrases convenues d'avance.

La figure 6 représente le télégraphe de Robert Hooke. A était la planche peinte en noir derrière laquelle étaient cachés les signaux, B, C, que l'on faisait apparaître à volonté en tirant la corde D.

Robert Hooke entendait se servir de ce télégraphe même pendant la nuit. Mais on ne connaît pas exactement les dispositions qui lui étaient venues à l'esprit pour cette télégraphie nocturne, parce que cette partie de son mémoire manuscrit n'a pas été retrouvée intacte. Le *Discours* lu par Hooke à la *Société royale de Londres*, a été publié dans les *œuvres posthumes* de ce savant. Or, l'éditeur fait remarquer que le manuscrit de l'auteur avait des feuilles déchirées et des pages d'une écriture illisible, dans la partie qui concerne son télégraphe nocturne ; de là l'obscurité qui règne dans la description qu'il en a donnée.

Fig. 6. — Télégraphe de Robert Hooke.

CHAPITRE III

LE PHYSICIEN FRANÇAIS AMONTONS DÉCOUVRE LE SYSTÈME DE TÉLÉGRAPHIE MODERNE. — AUTRES PROJETS DE TÉLÉGRAPHIE AÉRIENNE.

La France, on a pu le remarquer, n'avait encore fourni aucun contingent à l'ordre de travaux qui nous occupent. Il faut donc nous empresser d'ajouter qu'un physicien français du XVIIᵉ siècle, Guillaume Amontons, eut le mérite, peu de temps après Robert Hooke, c'est-à-dire en 1690, de découvrir la méthode qui sert de base à la télégraphie aérienne moderne. C'est en effet Amontons qui, le premier, se servit d'une lunette pour observer les signaux formés dans l'espace, et servant à établir une correspondance entre deux points éloignés.

Dans l'*Éloge d'Amontons*, Fontenelle a décrit, avec assez

d'exactitude, la découverte d'Amontons, qui consistait à se servir de lunettes d'approche pour observer les signaux transmis par des postes fixes.

« Peut-être, dit Fontenelle, prendra-t-on pour un jeu d'esprit, mais du moins très-ingénieux, un moyen qu'il inventa de faire savoir tout ce qu'on voudrait à une très-grande distance, par exemple de Paris à Rome, en très-peu de temps, comme en trois ou quatre heures, et même sans que la nouvelle fût sue dans tout l'espace d'entre-deux. Cette proposition, si paradoxe et si chimérique en apparence, fut exécutée dans une petite étendue de pays, une fois en présence de Monseigneur, et une autre en présence de Madame. Le secret consistait à disposer dans plusieurs postes consécutifs des gens qui, par des lunettes de longue vue, ayant aperçu certains signaux du poste précédent, les transmissent au suivant, et toujours ainsi de suite, et ces différents signaux étaient autant de lettres d'un alphabet dont on n'avait le chiffre qu'à Paris et à Rome. La plus grande portée des lunettes faisait la distance des postes, dont le nombre devait être le moindre qu'il fût possible ; et comme le second poste faisait des signaux au troisième à mesure qu'il les voyait faire au premier, la nouvelle se trouvait portée à Rome presque en aussi peu de temps qu'il en fallait pour faire les signaux à Paris. »

La théorie et la pratique du télégraphe aérien moderne se trouvent contenues, on peut le dire, dans le système d'Amontons, qui fut d'ailleurs, comme nous allons le raconter, soumis à une expérience publique.

Amontons était un des physiciens les plus habiles du XVIIe siècle. Ses travaux relatifs au thermomètre à air, au baromètre et à l'hygrométrie, ont exercé sur les progrès de la physique une influence puissante. Il était né inventeur. Mais s'il avait le génie qui dicte les découvertes, il était loin de réunir les qualités d'esprit qui font le succès et la fortune des inventions. Hors de ses livres et de ses machines, c'était l'homme le plus gauche et le plus ennuyeux du monde. Ajoutez qu'il était sourd. Il ne voulut jamais essayer de guérir sa surdité. « Il se trouvait bien, dit Fontenelle, de ce redoublement d'attention et de recueillement qu'elle lui procurait, semblable en quelque chose à cet ancien qui se creva les yeux pour n'être pas distrait dans ses méditations philosophiques. »

Louis Figuier

Ceci était admirable pour faire des découvertes, mais peu avantageux pour les propager au dehors. Aussi est-il probable que la machine à signaux qu'il imagina vers 1690 serait restée à jamais inconnue, si le hasard ne s'en était mêlé.

Mademoiselle Chouin, maîtresse du premier dauphin, fils de Louis XIV, entendit parler, à Versailles, de la découverte d'Amontons. En sa qualité de favorite, mademoiselle Chouin avait ses caprices ; elle eut la fantaisie de voir fonctionner la machine du savant. Mais mademoiselle Chouin avait d'autres qualités : elle avait du cœur, elle s'intéressa à la fortune du pauvre inventeur. Elle ne manquait pas d'ailleurs, d'un certain esprit d'intrigue ; ce qui fit qu'en dépit de l'indolence et de l'apathie du dauphin, elle obtint de lui la promesse d'une expérience publique.

Fig. 5. — Expérience télégraphique faite par Amontons, en 1690, au jardin du Luxembourg à Paris.

L'expérience eut lieu dans le jardin du Luxembourg, mais elle tourna fort mal. La présence du dauphin, les brillants costumes des seigneurs qui l'entouraient, tout cet étalage solennel et inusité, troublèrent le savant. Sa surdité augmentait son embarras et sa confusion. Il manœuvra tout de travers et ne put transmettre aucun signal. Le prince se mit à bâiller, tous les courtisans l'imitèrent, et la séance se termina sur cette triste impression.

Cependant mademoiselle Chouin ne se découragea pas. Elle obtint une seconde épreuve qui se fit en présence de la dauphine. Cette fois les choses marchèrent mieux, mais tout le crédit de la favorite ne put aller plus loin. Que pouvait-elle obtenir de plus de la nullité d'un prince, qui, au rapport de Saint-Simon, depuis qu'il était sorti des mains de ses précepteurs, « n'avait de sa vie lu que l'article *Paris* dans la *Gazette de France*, pour y voir les mariages et les morts ? »

Amontons, découragé, abandonna sa découverte. Il se consola de cet échec, en prenant place, quelques années plus tard, sur les bancs de l'Académie des sciences.

On a beaucoup vanté les encouragements et les honneurs qui furent accordés sous Louis XIV aux lettres et aux beaux-arts. Il faudrait ajouter, pour tout dire, que les sciences participaient rarement de ces hautes faveurs. Quand Louis XIV eut fondé l'Académie, lorsqu'il l'eut installée au Louvre, et qu'il eut ainsi fait aux académiciens la politesse royale de les recevoir chez lui, il se crut suffisamment acquitté envers la science. Cinq ou six pensions accordées à quelques savants bien en cour, adulateurs émérites de la trempe de Fontenelle ou de Fagon ; en de rares occasions quelques visites solennelles aux académiciens assemblés : voilà à peu près à quoi se réduisit la protection du grand roi. On cesse d'être surpris de la lenteur qu'a présentée, au XVIIe siècle, le développement des sciences, quand on songe qu'elles avaient Louis XIVpour protecteur. On vient de voir comment fut accueillie l'idée d'Amontons, qui renfermait le germe de la télégraphie moderne ; quelques années après, un autre inventeur se présenta avec une découverte semblable, et il ne fut pas mieux traité.

Cet autre inventeur s'appelait Guillaume Marcel ; il occupait à Arles la place de commissaire de la marine. Après plusieurs années de recherches, il était parvenu à construire une machine qui transmettait des avis dans le seul intervalle de temps qu'il aurait fallu pour les écrire. Les expériences faites à Arles, et dont le procès-verbal existe encore, ne laissent aucun doute à cet égard.

Les mouvements de la machine s'exécutaient, dit-on, avec une rapidité égale à la pensée. En outre, l'appareil fonctionnait de nuit aussi bien que de jour ; il représentait donc le phénix tant cherché de la télégraphie nocturne.

L'inventeur se refusa à publier sa découverte ; il voulut d'abord la mettre sous l'invocation et la protection du roi.

Marcel avait déjà servi Louis XIV. Avocat au conseil, il avait suivi M. Girardin à l'ambassade de Constantinople. Nommé ensuite commissaire près du dey d'Alger, il y conclu le traité de 1677, qui rétablit nos relations commerciales dans le Levant. C'est en récompense de ces services qu'il avait obtenu la place de commissaire de la marine à Arles.

Il voulut donc présenter au roi l'hommage et les prémices de son invention : il lui adressa un mémoire descriptif avec les dessins de son appareil. Il ne demandait rien d'ailleurs, et sollicitait seulement le transport de sa machine à Paris.

Ce mémoire resta sans réponse ; le roi était vieux, il commençait à négliger, pour les choses du ciel, son royaume terrestre. Marcel écrivit lettres sur lettres aux ministres ; mais Colbert n'était plus là, il n'y avait que Chamillard, et le pauvre homme avait assez à faire avec la coalition européenne à combattre, et madame de Maintenon à ménager.

Marcel attendit longtemps. Un jour, fatigué d'attendre et dans un moment de désespoir, il brisa sa machine et jeta au feu ses dessins. À quelques années de là, il mourut, emportant son secret. Il ne laissa ni plan, ni description de ses instruments, et l'on ne trouva dans ses papiers que son *Livre des signaux* (*Citatœ per aera decursiones*), dont sa femme et un de ses amis avaient seuls la clef.

Le nom de Guillaume Marcel est à peu près oublié aujourd'hui, ou du moins il n'est resté attaché qu'à quelques ouvrages qu'il a laissés concernant l'histoire sacrée ou profane, et la chronologie. C'était le premier chronologiste de son siècle. Il réunissait toutes les qualités de l'état, car sa mémoire tenait du prodige. Le *Journal des savants* de 1678 (où il est désigné, par erreur typographique, sous le nom de Marcet) nous apprend qu'il « faisait faire l'exercice à un bataillon, nommant tous les soldats par le nom qu'ils avaient pris en défilant une fois devant lui, » et qu'il exécutait de mémoire une opération d'arithmétique, fût-elle de trente chiffres. On ajoute qu'il dictait à la fois à plusieurs personnes en six ou sept langues différentes.

L'histoire des premiers essais de la télégraphie nous amène à parler des expériences de télégraphie acoustique qui furent faites en France vers la fin du siècle dernier.

Le 1er juin 1782, l'Académie des sciences tenait sa séance au Louvre, lorsque l'on vit entrer, conduit par Condorcet, un moine, revêtu de la robe des bénédictins. C'était dom Gauthey, religieux de l'abbaye de Cîteaux. Dans les loisirs du cloître, il avait imaginé un moyen de correspondance entre les lieux éloignés, et il venait en faire l'exposition devant l'Académie.

Dom Gauthey avait vingt-cinq ans à peine : il était d'une taille élevée, et son visage était empreint d'une douceur et d'un charme inexprimables. Quand il prit la parole pour faire connaître les principes de son invention, son élocution contenue et grave produisit sur la docte assemblée l'effet le plus heureux. Son succès fut complet ; il dépassa bientôt les limites de l'enceinte académique. Pendant quelques jours le jeune bénédictin fut le héros de la cour et de la ville. Condorcet écrivit à ce sujet un rapport à l'Académie des sciences, dont voici le texte.

« Nous avons examiné, par ordre de l'Académie, un mémoire présenté par dom Gauthey, religieux de l'ordre de Cîteaux, contenant un moyen de communiquer entre deux endroits très-éloignés ; ce moyen, dont l'auteur s'est conservé le secret, nous a été communiqué, et il nous a paru praticable et ingénieux : il peut s'étendre jusqu'à la distance de treize lieues sans stations intermédiaires, et sans appareil trop considérable. Quant à la célérité, il n'y aurait que quelques secondes d'une ligne à l'autre. Mais le temps dont on aurait besoin pour faire entendre le premier signe serait plus long, et ne peut être connu que par l'expérience ; et cette expérience serait peu coûteuse. Il n'est guère possible sans l'avoir faite de déterminer, même à peu près, les frais de construction de la machine. Nous pouvons assurer seulement que si la distance était très-petite, comme celle du cabinet d'un prince à celui de ses ministres, l'appareil ne serait ni trop cher ni très-incommode, et qu'on pourrait répondre du succès.

« Le moyen nous a paru nouveau, et n'avoir aucun rapport aux moyens connus et destinés à remplir le même objet.

« Nous déposons au secrétariat de l'Académie un papier contenant le mémoire de dom Gauthey et les motifs de notre opinion sur la possibilité du moyen qu'il propose.

« Fait au Louvre, ce samedi 1er juin 1782. »

Le système de dom Gauthey consistait à établir, entre des postes successifs des tubes métalliques d'une très-grande longueur, à travers lesquels la voix se propageait sans perdre sensiblement de son intensité. Dom Gauthey affirmait pouvoir transmettre ainsi, dans une heure, un avis à deux cents lieues de distance.

Louis XVI voulut que le procédé de dom Gauthey fut soumis à l'expérience demandée par Condorcet. Cette expérience eut lieu, sur une longueur de huit cents mètres, dans un des tuyaux qui conduisaient l'eau à la pompe de Chaillot. Elle ne laissa aucun doute sur la vérité des assertions de dom Gauthey.

Fig. 7. — Expérience de télégraphie acoustique faite à Paris, par Dom Gauthey, en 1782.

À la suite de ce premier essai, l'inventeur demanda l'épreuve de son système acoustique sur une échelle plus étendue. Il proposait de poser des tubes enchâssés les uns dans les autres, de manière à former un tuyau non interrompu, et prétendait, avec trois cents tuyaux de mille toises chacun, faire passer, en moins d'une heure, des dépêches à cent cinquante lieues. Cependant cette expérience fut jugée ruineuse, et la munificence royale recula devant les dépenses qu'elle devait entraîner.

Dom Gauthey se tourna alors d'un autre côté. Il ouvrit une souscription, mais elle fut insuffisante pour couvrir les frais probables de l'entreprise.

Pendant cet intervalle, l'engouement du public avait disparu. Dans cette société frivole, les impressions se formaient et s'effaçaient avec la même promptitude. Le caprice d'un jour avait élevé la fortune du jeune bénédictin, elle s'envola au premier souffle contraire. Au bout de six mois, dom Gauthey était si parfaitement oublié, qu'il ne put trouver en France un imprimeur qui consentît à publier, même à prix d'argent, l'exposé de son système.

En désespoir de cause, le pauvre inventeur s'embarqua l'année suivante, pour l'Amérique. Il y fit connaître sa découverte et demanda des souscriptions. Mais il ne put trouver qu'un imprimeur, qui voulût bien publier son *Prospectus*, lequel parut à Philadelphie en 1783.

Les idées de dom Gauthey étaient cependant beaucoup plus rationnelles qu'on ne le penserait peut-être au premier aperçu. Rien n'indique, dans la théorie mathématique du mouvement de l'air, que le son doive s'affaiblir en parcourant de longs tuyaux ; aussi est-il probable que les expériences de dom Gauthey reprises sérieusement amèneraient d'utiles résultats. Le son parcourt trois cent quarante mètres par seconde, ou trois cent six lieues par heure ; on conçoit donc que, s'il peut se transmettre sans s'altérer dans des tuyaux cylindriques, on pourrait obtenir, en disposant un certain nombre de postes aux distances convenables, un moyen de correspondance qui ne serait pas sans valeur.

Non-seulement, en effet, les tubes propagent très-bien le son, mais ils en accroissent singulièrement la puissance. Un coup de pistolet tiré à l'une des extrémités d'un tube fait entendre à l'autre extrémité le bruit du canon. Jobard a reconnu que le mouvement d'une montre, qui n'est pas sensible à la distance de 16 centimètres, s'entend très-bien au bout d'un tuyau métallique de 16 mètres, sans que la montre touche le métal et même lorsqu'elle en est éloignée de plusieurs pieds. Dom Gauthey avait déjà reconnu le même fait avec un tuyau de cent dix pieds.

MM. Biot et Hassenfratz ont fait des expériences plus décisives encore et qui confirment parfaitement les faits avancés par le moine de Cîteaux. Ils ont reconnu qu'à travers les tubes souterrains, la voix se propage sans rien perdre de son intensité à un kilomètre de distance[7].

Le son peut d'ailleurs se transporter à des distances considérables sans l'intermédiaire d'aucun conducteur. Le docteur Arnoldt raconte que pendant son retour d'Amérique en Europe, à bord du paquebot, tout à coup un matelot s'écria qu'il entendait le son des cloches. Ceci fit beaucoup rire l'équipage : on était à cent lieues de la côte. Cependant le docteur prit la chose plus au sérieux. Il remarqua qu'il régnait une brise de terre assez forte, et que dans ce moment la voile du vaisseau était concave. Il se plaça au foyer de la voile et entendit parfaitement la volée des cloches. Il tint note du jour et de l'heure. Six mois après, de retour en Amérique, il apprit qu'au jour et à l'heure qu'il avait notés, il y avait eu à Rio-Janeiro un branle-bas des cloches à l'occasion de la fête de la ville.

Un autre jour, le docteur Arnoldt, se trouvant sur le bord d'un lac de sept lieues de large, entendit, d'une rive à l'autre, le cri des marchands d'huîtres et le bruit des rames.

Selon Franklin, les globes de feu formés par des météores à plus d'une lieue d'élévation dans les airs, produisent, en éclatant à cette hauteur, un bruit que l'on entend sur terre à vingt-cinq lieues à la ronde[8]. Le traducteur de Franklin ajoute qu'il a lui-même entendu à Paris des coups de canon tirés à Lille.

C'est d'après ces faits que quelques personnes ont proposé d'établir des télégraphes au moyen du langage parlé. Il serait facile, selon le docteur Arnoldt, de créer un service télégraphique fondé sur ce principe. Tout l'appareil consisterait en une sorte de miroir métallique concave, placé sur une éminence à l'une des extrémités de la ligne ; à quelques lieues de là, à l'autre extrémité de la ligne, un porte-voix parabolique serait dirigé vers cette surface. On recueillerait les sons envoyés par le porte-voix en se plaçant au foyer du miroir. Ce serait là évidemment un moyen de correspondance fort peu dispendieux. Malheureusement la démonstration pratique a manqué jusqu'ici au système proposé par le docteur Arnoldt.

Le désir de justifier les idées de dom Gauthey, nous a entraîné à une digression un peu longue. Revenons à la série des essais télégraphiques.

CHAPITRE IV

ESSAIS DE LINGUET. — TRAVAUX DE DUPUIS, DE BERGSTRASSER ET DE BOUCHERŒDER.

Après dom Gauthey, c'est-à-dire de 1782 à la fin du XVIIIe siècle, les études sur la télégraphie aérienne subirent un temps d'arrêt, ou plutôt une déviation. L'électricité venait d'être découverte, et la promptitude extraordinaire, l'étonnante facilité avec laquelle l'électricité se transmet le long d'un conducteur métallique, désignaient tout naturellement cet agent comme devant se prêter merveilleusement à la télégraphie. Pendant trente ans, les efforts se portèrent donc de ce côté, et donnèrent naissance à des résultats divers, dont nous tracerons les résultats dans l'histoire de la télégraphie électrique.

Mais ces tentatives restèrent sans effet. C'est que l'on ne connaissait à cette époque que l'électricité statique, c'est-à-dire celle qui est dégagée par le frottement et fournie par les machines électriques. Or, l'électricité provenant de cette source ne réside qu'à la surface du corps, et tend continuellement à s'en échapper. C'est une électricité animée d'une grande tension, comme on le dit en physique. Il résulte de là qu'elle abandonne ses conducteurs sous l'influence des causes les plus indifférentes. L'air humide, par exemple, suffit pour la dissiper. Un agent aussi difficile à contenir, ne pouvait donc, en aucune manière, être utilisé pour le service de la télégraphie.

C'est dire assez que toutes les tentatives faites jusqu'à la fin du dernier siècle pour plier l'électricité aux besoins de la correspondance, durent être frappées d'une impuissance radicale. Après trente ans de travaux inutiles, on abandonna cette idée comme impraticable. On fut contraint d'en revenir aux signaux formés dans l'espace et visibles à de grandes distances.

C'est à cette époque, c'est à la suite de ces travaux infructueux, que le télégraphe aérien, longtemps en usage en Europe, fut découvert en France, par la patience et le génie de Claude Chappe. Mais avant d'en venir à une découverte qui a si dignement marqué dans l'histoire de la civilisation moderne, il convient de signaler quelques recherches intermédiaires qui l'ont précédée, sinon préparée.

Dans ses *Mémoires sur la Bastille*, le journaliste Linguet revendique l'honneur de la découverte du télégraphe français. Par suite de son humeur agressive et inquiète, Linguet passa plusieurs années de sa vie à la Bastille. Dans les loisirs forcés de la captivité, son ardente imagination continuait de se donner carrière. Comme il s'était occupé de tout, Linguet avait fait certaines études sur la lumière ; il a même publié quelques pages sur cette question. C'est à la suite de ses observations d'optique qu'il fut conduit à imaginer un plan de télégraphe aérien. En 1783, il proposa au gouvernement d'en dévoiler le secret, en échange de sa liberté. Il ne donnait cependant aucune description de sa machine, disant seulement qu'elle avait beaucoup d'analogie « avec un outil très-employé dans les ateliers. » On ne voulut pas écouter le journaliste, et peu de temps après, le ministère le laissa sortir sans conditions. Une fois dehors, Linguet oublia sa découverte ; il ne s'en souvint qu'au bout de plusieurs années, pour revendiquer, à l'encontre de Chappe, la découverte du télégraphe.

En 1788, l'auteur de l'*Origine des cultes*, François Dupuis, habitait Belleville, tandis que son ami Fortin avait fixé sa résidence à trois lieues de Paris. Pour correspondre avec son ami à travers la distance qui les séparait, il imagina et fit placer au-dessus de sa maison, une machine télégraphique. Cette machine devait avoir quelque valeur, car elle subsista assez longtemps. Cependant, à l'apparition du télégraphe de Chappe, Dupuis la fit disparaître.

En Allemagne, un savant de Hanau, nommé Bergstrasser, a consacré sa vie presque entière à la télégraphie. Il a écrit sur ce sujet un ouvrage estimé, et construit un grand nombre d'appareils télégraphiques. Le mérite principal de ses travaux réside dans les perfectionnements qu'il apporta au vocabulaire de la correspondance. Il représentait les mots par des chiffres. Seulement, comme le système ordinaire de numération aurait exigé un trop grand nombre de caractères, il faisait usage de l'arithmétique binaire ou quaternaire, qui n'emploie que deux ou quatre signes pour représenter tous les nombres. C'est le système qu'ont adopté plus tard, les ingénieurs anglais, pour leur télégraphe aérien.

Cependant Bergstrasser se proposait moins de construire un télégraphe que d'expérimenter les divers moyens de transmettre au loin la pensée. Il avait étudié dans cette vue, tous les procédés de correspondance imaginés avant lui. Il employait le feu, la fumée, les feux réfléchis sur les nuages, l'artillerie, les fusées, les explosions de poudre, les flambeaux, les vases remplis d'eau, signaux des anciens Grecs, le son des cloches, celui des trompettes et des instruments de musique, les cadrans, les drapeaux mobiles, les fanaux, les pavillons et les miroirs.

Nous n'avons pas besoin de faire remarquer tout ce qu'avait d'impraticable la combinaison de tant de moyens différents. L'arithmétique binaire exige que l'on répète un très-grand nombre de fois les deux signes qui représentent les différents nombres, lorsque ces nombres sont un peu élevés ; il résultait de là que, pour transmettre une phrase de quelques lignes, il fallait reproduire à l'infini le même signal. Si l'on faisait usage du canon ou de fusées, Bergstrasser pour une phrase composée d'une vingtaine de mots, faisait tirer jusqu'à vingt mille coups de canon ou vingt mille fusées. L'excentricité allemande ne perd jamais ses droits : Bergstrasser fut un moment sur le point de voir adopter ses vingt mille coups de canon.

Il ne manquait à sa gloire que d'avoir composé un télégraphe vivant. C'est ce qu'il fit en 1787, en dressant un régiment prussien à transmettre des signaux. Les soldats exécutaient les manœuvres télégraphiques par les divers mouvements de leurs bras. Le bras droit étendu horizontalement indiquait le numéro 1 ; le gauche placé de la même manière, le numéro 2 ; les deux bras ensemble, le numéro 3 ; le bras droit élevé verticalement, le numéro 4, et le bras gauche en l'air, le numéro 5. Ces télégraphes animés manœuvrèrent en présence du prince de Hesse-Cassel : le régiment obtint un succès de fou rire.

Louis Figuier

À part ces bizarreries, Bergstrasser a rendu à la télégraphie de notables services. Ses calculs pour la combinaison des chiffres représentatifs des mots, étaient d'une rare justesse. Sa prévoyance n'était jamais en défaut. Il embrassait même le cas où les interlocuteurs ne pourraient s'apercevoir entre eux, bien qu'ils fussent assez près pour se toucher. Alors il armait leurs mains d'un miroir avec lequel ils dirigeaient les rayons du soleil sur un objet placé à l'ombre ; la répétition de ce signal à intervalles fixes était, dans ce cas, la base de l'alphabet.

Ce dernier moyen, pour le dire en passant, a été repris de nos jours, et proposé pour un système de correspondance télégraphique applicable à l'Algérie[9].

Un autre original, le baron Boucherœder, fut jaloux de l'une des inventions de Bergstrasser, c'est-à-dire de ses télégraphes animés. Il était colonel d'un régiment de chasseurs hollandais, et en 1795 il dressa ses soldats à des manœuvres télégraphiques. Mais le régiment prit peu de goût à ces exercices, car la moitié déserta, et l'autre moitié entra à l'infirmerie. Au sortir de l'hôpital, les soldats refusèrent de recommencer ; le colonel, furieux, alla se plaindre à l'empereur François, qui lui rit au nez ; ce qui occasionna, dit-on, au savant guerrier une telle colère, qu'il en mourut.

C'est ce même Boucherœder qui, dans son traité de l'*Art des signaux*, imprimé à Hanau en 1795, prétend que la tour de Babel n'avait d'autre objet que d'établir un point central de communications télégraphiques entre les différentes contrées habitées par les hommes.

Ainsi, jusqu'à la fin du siècle dernier, l'art télégraphique ne présentait que des principes confus et vagues, entièrement privés de la sanction pratique. Toutes ces idées, dont la plupart sont restées sans application, n'enlèvent rien à l'originalité des travaux de Chappe, qu'il est juste de considérer comme l'inventeur de la télégraphie aérienne.

CHAPITRE V

L'ABBÉ CHAPPE. — SES TRAVAUX. — EXPÉRIENCE DE SON PREMIER
TÉLÉGRAPHE AÉRIEN FAITE À PARCÉ ET A BRÛLON. — LES FRÈRES

34

CHAPPE À PARIS, — LE TÉLÉGRAPHE ÉTABLI SUR LE PAVILLON DE LA BARRIÈRE DE L'ÉTOILE, EST DÉTRUIT PAR LE PEUPLE, PENDANT LA NUIT.

Claude Chappe était fils d'un directeur des Domaines de Rouen. Il était neveu de l'abbé Chappe d'Auteroche, que son dévouement à la science a rendu célèbre, et qui, envoyé par l'Académie des sciences dans les déserts de la Californie pour observer le passage de Vénus sur le disque du soleil, périt victime du climat de ces contrées.

Claude Chappe était né en 1763 à Brûlon dans le département de la Sarthe. Il avait quatre frères. Ignace, l'aîné de la famille, Pierre, René et Abraham. Leur père, qui possédait une certaine fortune, leur donna une bonne éducation classique. Claude commença ses études au collège de Joyeuse, à Rouen, et il les continua à La Flèche, où l'on se souvient encore d'un ballon qu'il fit partir étant écolier.

Au sortir du collège, Claude Chappe embrassa l'état ecclésiastique, et obtint à Bagnolet, près de Provins, un bénéfice d'un revenu assez considérable, qui lui fournissait les moyens de se livrer à son goût pour les recherches de physique. L'électricité l'occupait d'une manière spéciale. En 1790, il fit des expériences sur le *pouvoir des pointes*, s'occupa des effets physiologiques de l'électricité, et étudia l'action de cet agent sur les vers à soie. Ces travaux, qui furent insérés dans le *Journal de physique* de Lamétherie, furent remarqués, et le firent nommer membre de la *Société philomatique*, qui était alors, pour ainsi dire, l'antichambre de l'Académie des sciences.

Claude Chappe se trouvait à Paris, quand la révolution éclata. Il perdit son bénéfice, et dut retourner à Brûlon au milieu de sa famille, où il retrouva quatre de ses frères, dont trois venaient aussi de perdre leurs places.

Dans ces circonstances, il lui vint à la pensée de mettre à profit quelques essais qui remontaient aux premières années de sa vie. Il espéra pouvoir tirer parti, dans l'intérêt de sa famille, d'une sorte de jeu qui avait fourni des distractions à sa jeunesse.

Selon quelques auteurs, auxquels aucun témoignage contraire n'a été opposé, Claude Chappe se serait amusé, dans sa jeunesse, à établir un appareil rudimentaire de correspondance par signes, qu'il aurait expérimenté avec ses frères, à Brûlon, pendant leurs réunions de vacances. Une règle de bois tournant sur un pivot, et

Louis Figuier

portant à ses extrémités deux règles mobiles de moitié plus petites, tel était l'instrument qui leur aurait, dit-on, servi à échanger quelques pensées. Par les diverses positions de ces règles, on obtenait cent quatre-vingt-douze signaux, que l'on distinguait avec une longue-vue.

Claude Chappe pensa que l'on pourrait tirer un certain parti de ces signaux, en les appliquant aux rapports du gouvernement avec les villes de l'intérieur et de la frontière. Il proposa donc à ses frères de perfectionner ce moyen de correspondance et de l'offrir ensuite au gouvernement. Il les décida à le seconder dans ses recherches.

Le système des règles mobiles, qui avait fonctionné heureusement lorsqu'il ne s'était agi que d'une correspondance entre deux points, rencontra des difficultés insurmontables quand on voulut multiplier les stations.

On renonça donc à cette combinaison, pour essayer l'électricité. Dans ses travaux de physique, l'abbé Chappe s'était surtout occupé d'électricité, et cet agent paraissait satisfaire si bien à toutes les conditions du problème télégraphique, que des essais de cette nature étaient, pour ainsi dire, commandés. Son cabinet de physique permit d'entreprendre les expériences ; mais les frais qu'elles occasionnaient ne tardèrent pas à s'élever si haut, qu'il fallut vendre tous les instruments pour continuer d'autres recherches. D'ailleurs, ces essais, exécutés nécessairement avec l'électricité statique, n'amenaient aucun résultat avantageux.

On trouve dans un rapport célèbre, sur lequel nous aurons à revenir, et qui fut présenté, en l'an II, par Lakanal, à la Convention nationale, la description sommaire du moyen que Claude Chappe voulait employer pour appliquer l'électricité à former des signaux.

« L'électricité, dit Lakanal, fixa d'abord l'attention de ce laborieux physicien ; il imagina de correspondre par le secours des temps marquant électriquement les mêmes valeurs, au moyen de deux pendules harmonisées. Il plaça et isola des conducteurs à de certaines distances ; mais la difficulté de l'isolement, l'expansion latérale du fluide dans un long espace, l'intensité qui eût été nécessaire et qui est subordonnée à l'état de l'atmosphère, lui firent regarder son projet de communication par l'électricité comme chimérique. »

En d'autres termes, Claude Chappe avait songé à mettre à profit la vitesse de transmission de l'électricité, pour indiquer le moment précis où deux pendules bien d'accord, passeraient sur certains points de leurs cadrans, et indiqueraient ainsi le moment de lire certains signaux inscrits sur ce cadran. L'inventeur du télégraphe aérien avait donc tenu, un moment entre ses mains, cette électricité, qui plus tard, devait renverser son système. Le fait est curieux à noter.

Renonçant à faire usage de l'électricité, Chappe eut recours à l'emploi de corps diversement colorés. Mais il fut arrêté par la difficulté de bien discerner l'opposition des couleurs à de grandes distances.

Il essaya ensuite, mais sans plus de succès, d'appliquer le micromètre aux lunettes dont il s'était servi pour ses expériences sur les corps colorés.

Il en revint alors aux deux horloges concordantes, portant sur leurs cadrans une série de signaux convenus. Quand l'aiguille du cadran arrivait au signal qu'il fallait transmettre, on produisait un bruit, qui devait être perçu d'un poste à l'autre.

Fig. 9. — Claude Chappe.

À la fin de l'année 1790, Chappe, de concert avec ses frères, fit une véritable expérience de ce moyen télégraphique. Il avait établi deux stations à la distance de 400 mètres, chacun de ces postes étant muni d'une pendule bien concordante avec l'autre. Quand l'aiguille du cadran passait sur le signal à indiquer, on produisait un bruit intense, en frappant l'une contre l'autre, comme les cymbales, de nos orchestres, deux casseroles de cuivre.

Il va sans dire que ce moyen grossier ne pouvait servir qu'entre deux postes peu éloignés. On le remplaça avec grand avantage, par l'emploi d'un corps élevé en l'air, visible à grande distance, et qui, par son apparition, marquait l'instant précis où il fallait regarder la pendule, pour connaître le signal à noter.

Le problème de la télégraphie aérienne paraissait à peu près résolu par ce moyen. Le 2 mars 1791, Claude Chappe en fit une expérience publique, qui lui donna une date et une authenticité certaines. Il convoqua les officiers municipaux de Parcé (district de Sablé, département de la Sarthe), pour assister à cette expérience.

Fig. 8. — Claude Chappe fait l'expérience de son premier télégraphe aérien, devant les notables de Parcé, le 2 mars 1791.

Deux stations avaient été établies, l'une à Parcé, l'autre au château de Brûlon, distants de 15 kilomètres. Une planche de bois d'un mètre et demi de hauteur, sur une largeur un peu moindre, peinte d'un côté en noir, de l'autre en blanc, et pouvant pivoter sur elle-même, était placée à quatre mètres d'élévation au-dessus du sol. Lorsque l'aiguille de l'horloge de la station du départ passait sur le signe à transmettre, on faisait pivoter sur son axe la planche, qui changeait aussitôt de place et marquait ainsi le signal qu'il fallait noter.

Plusieurs phrases furent échangées par ce moyen, entre les deux stations. Le lendemain 3 mars, les mêmes expériences furent reprises avec autant de succès. Les témoins de ces expériences signèrent des procès-verbaux qui constataient sa parfaite réussite[10].

Les frères Chappe continuèrent ces expériences, pour perfectionner leur système.

Quand il leur parut répondre à tous leurs désirs, ils songèrent à le présenter au gouvernement. Au moment où la république était obligée de faire face à tant d'ennemis, sur vingt champs de bataille, la découverte d'un moyen instantané de correspondance ne pouvait être accueillie qu'avec empressement.

Telle était du moins l'espérance des frères Chappe, qui, un beau jour, quittèrent leur pays, emportant dans leur portefeuille les procès-verbaux des notables de Parcé et de Brûlon, où se trouvaient relatés les merveilleux effets de leur machine, et dans leurs bagages la machine elle-même.

Ils arrivèrent à Paris à la fin de 1791.

Avant de demander au gouvernement l'examen de leur invention, ils jugèrent utile de la montrer à tous les yeux. La sanction préalable de l'opinion publique leur semblait un prélude favorable. Une expérience faite devant tout Paris, sur une promenade très-fréquentée, devait donner à leur découverte une notoriété utile à leurs projets.

Ils demandèrent donc à la commune de Paris l'autorisation d'établir à leurs frais, une de leurs machines sur l'un des deux pavillons qui étaient placés à la barrière de l'Etoile, aux Champs-Elysées.

La Commune de Paris accorda l'autorisation désirée, sans toutefois répondre de rien. À cette époque de troubles et de méfiance populaire, on ne pouvait prévoir l'accueil qui serait fait à une expérience dont l'objet ne pouvait être généralement compris.

En effet, la machine de Claude Chappe, élevée sur l'un des pavillons de la barrière de l'Etoile, fut trouvée, un matin, mise en pièces. Le gardien affirma n'avoir rien entendu ; mais on sut plus tard, que des gens du peuple s'étaient rués, pendant la nuit, sur la machine, et l'avaient brisée, sans que personne eût osé s'y opposer.

Claude Chappe ne fut pas découragé par cet incident. Seulement il chercha un lieu mieux défendu contre les caprices du peuple. Il obtint l'autorisation d'établir une nouvelle machine dans le parc que le représentant Lepelletier de Saint-Fargeau possédait à Ménilmontant.

C'est bien une nouvelle machine qu'il faut dire, car Claude Chappe avait apporté à son système une modification importante.

Il avait supprimé les horloges concordantes placées à chaque station.

Les horloges concordantes étaient le côté défectueux de ce système : en les faisant disparaître, on supprimait un élément, ce qui déjà simplifiait l'appareil, et l'on était délivré d'un grand embarras pratique. Comment espérer, en effet, pouvoir conserver plusieurs chronomètres dans un état d'accord parfaitement rigoureux, sur toute l'étendue d'une longue ligne ?

Les frères Chappe avaient réduit leur système à un grand tableau de forme rectangulaire, qui présentait plusieurs faces de couleurs différentes, et qui, en pivotant sur son axe, pouvait présenter l'une de ces six couleurs. La combinaison des six couleurs, ou *voyants*, suffisait pour représenter et transmettre les signaux, d'après un vocabulaire sur lequel était inscrite la signification de ces signaux.

Ce n'était pas encore le télégraphe aérien actuel, mais c'est la disposition qui, plus tard, servit de modèle au télégraphe aérien en Angleterre et en Suède.

Cependant Claude Chappe ne fut pas entièrement satisfait de ses *voyants*. Le discernement des couleurs à distance était une grande difficulté. Il modifia donc une fois encore son appareil. Il remplaça les couleurs par la forme des corps.

Après avoir longtemps étudié les formes des corps les plus aisés à reconnaître à de grandes distances, il arriva à se convaincre que la forme allongée est la meilleure, parce qu'elle se dessine le mieux sur le ciel.

Il en vint donc à adopter trois règles de bois mobiles qui, en tournant de différentes manières, produisaient un nombre considérable de signaux, que l'on pouvait reconnaître et distinguer de très-loin, au moyen de longues-vues.

L'ingénieur Bréguet, à qui il s'adressa, pour mettre son idée à exécution, construisit une machine qui, à peu de chose près, est celle qui s'est conservée jusqu'à nos jours en France, sans grandes modifications.

C'était une longue barre de fer, qui portait à chacune de ses extrémités, deux autres barres plus petites, susceptibles de tourner autour de la barre principale, et de prendre ainsi toutes sortes de positions. Cette machine était disposée sur une tour, et l'opérateur, placé dans une chambre au-dessous de cette tour, faisait mouvoir les trois barres au moyen de cordes et de poulies. C'était un système excellent et qui répondait à tous les besoins de la télégraphie.

Après la question des appareils, venait la question du vocabulaire, et ce n'était pas la plus facile à résoudre.

Claude Chappe comptait heureusement parmi ses parents, un ancien consul, Léon Delaunay, qui avait longtemps représenté la France à Lisbonne, et qui avait acquis dans ces fonctions, une grande habitude des langues secrètes de la diplomatie. Léon Delaunay composa le vocabulaire qui devait s'appliquer au télégraphe aérien. Conformément aux usages adoptés pour la correspondance diplomatique, il dressa un vocabulaire secret de 9 999 mots, dans lequel chaque mot était représenté par un nombre.

Ce vocabulaire était imparfait, comme on le reconnut plus tard ; mais au début de la télégraphie, il suffisait à la correspondance.

Les deux frères de Chappe, Abraham et Ignace, secondèrent Claude dans ses travaux, et l'aidèrent dans toutes ses expériences.

Une circonstance heureuse vint doubler la valeur du concours de son frère aîné.

Le 1er octobre 1791, Ignace Chappe fut nommé membre de l'Assemblée législative, par les électeurs du département de la Sarthe ; et bientôt il entra comme adjoint, dans le comité de l'instruction publique de cette assemblée. Cette haute position de l'un des frères Chappe seconda puissamment leur entreprise. Le titre de représentant du peuple entraînait une autorité morale qu'Ignace ne négligea point. Elle lui donna accès dans les ministères, et lui permit de recommander chaleureusement dans les sphères administratives, l'invention de son frère, qui était aussi un peu la sienne.

Fort de cet appui naturel, confiant dans la haute utilité de sa découverte pour la nation, et pour le progrès social, Claude Chappe crut le moment arrivé de demander au gouvernement l'examen approfondi de son système. Il en offrait l'hommage à la république dans des circonstances où elle devait lui rendre les plus grands services, c'est-à-dire au moment où les armées ennemies la menaçaient de toutes parts.

CHAPITRE VI

LE TÉLÉGRAPHE DE CHAPPE EST PRÉSENTÉ À L'ASSEMBLÉE LÉGISLATIVE. — LE PEUPLE MET EN PIÈCES LA MACHINE DANS LE PARC DE SAINT-FARGEAU. — LE DÉPUTÉ ROMME ATTIRE L'ATTENTION SUR L'INVENTION DE CHAPPE. — EXPÉRIENCES DU NOUVEAU TÉLÉGRAPHE DE CHAPPE FAITES PAR LAKANAL ET ARBOGAST, MEMBRES DE LA CONVENTION. — ADOPTION DES TÉLÉGRAPHES PAR LE GOUVERNEMENT RÉPUBLICAIN.

Claude Chappe avait demandé d'être admis à la barre de l'Assemblée législative, pour lui présenter son invention nouvelle. Cette demande avait été accueillie, et le 22 mars 1792, pendant une des séances du soir qui étaient plus spécialement consacrées aux affaires, il fut admis devant rassemblée. Dorizi occupait le fauteuil de la présidence. Claude Chappe donna lecture de la pétition suivante :

Monsieur le président,

« Je viens offrir à l'Assemblée nationale l'hommage d'une découverte que je crois utile à la chose publique.

Cette découverte présente un moyen facile de communiquer rapidement, à de grandes distances, tout ce qui peut être l'objet d'une correspondance.

Le récit d'un fait ou d'un événement quelconque peut être transmis, la nuit ainsi que le jour, à plus de 40 milles, dans moins de 46 minutes. Cette transmission s'opérerait d'une manière presque aussi rapide, à une distance beaucoup plus grande (le temps employé pour la communication n'augmentant point en raison proportionnelle des espaces).

Je puis en 20 minutes transmettre, à la distance de 8 ou 10 milles, la série de phrases que voici, ou toute autre équivalente :

Luckner s'est porté vers Mons, pour faire le siège de cette place. Bender s'est avancé pour la défendre. Les deux généraux sont en présence. On livrera demain bataille.

Ces mêmes phrases seraient communiquées, en 24 minutes, à une distance double de la première ; en 33 minutes elles parviendraient à 50 milles. La transmission à une distance de 100 milles ne nécessiterait que 12 minutes de plus.

Parmi la multitude d'applications utiles dont cette découverte est susceptible, il en est une qui, dans les circonstances présentes, est de la plus haute importance.

Elle offre un moyen certain d'établir une correspondance telle que le Corps Législatif puisse faire parvenir ses ordres à nos frontières et en recevoir la réponse pendant la durée d'une même séance.

Ce n'est point sur une simple théorie que je fais ces assertions. Plusieurs expériences, tentées à la distance de 10 milles, dans le département de la Sarthe, et suivies de succès, sont pour moi de sûrs garants de la réussite.

Les procès-verbaux ci-joints, dressés par deux municipalités, en présence d'une foule de témoins, en attestent l'authenticité.

L'obstacle qui me sera le plus difficile à vaincre sera l'esprit de prévention avec lequel on accueille ordinairement les faiseurs de projets. Je n'aurais jamais pu m'élever au-dessus de la crainte de leur être assimilé, si je n'avais été soutenu par la persuasion où je suis, que tout citoyen français doit, en ce moment plus que jamais, à son pays le tribut de ce qu'il croit lui être utile.

Je demande, messieurs, que l'Assemblée nationale renvoie à l'un de ses comités l'examen des projets que j'ai l'honneur de vous annoncer, afin qu'il nomme des commissaires pour en constater les effets, par une expérience qui sera d'autant plus facile à faire, qu'en l'exécutant sur une distance de 8 ou 10 milles, on sera à portée de se convaincre qu'elle peut s'appliquer à tous les espaces.

Je la ferai, au surplus, à toutes les distances que l'on voudra m'indiquer ; et je ne demande, en cas de réussite, qu'à être indemnisé des frais qu'elle aura occasionnés. »

L'hommage de l'invention faite par Claude Chappe à l'Assemblée législative, fut accepté. On ordonna que l'examen de la machine serait confié au Comité de l'Instruction publique, et Chappe fut admis aux honneurs de la séance[11].

Nous avons dit que Claude Chappe avait établi son télégraphe dans le parc du représentant Saint-Fargeau, à Ménilmontant. Il avait même commencé la construction d'une ligne de plusieurs postes, dont le premier était représenté par la machine élevée dans le parc de Ménilmontant. Sous la protection et dans la demeure d'un député, il pouvait se croire à l'abri de la défiance du peuple. Mais ses prévisions furent trompées.

Fig. 10. — Le peuple brûle le télégraphe de Chappe, dans le parc de Saint-Fargeau.

Un matin, comme il entrait dans le parc, il vit courir à lui le jardinier tout épouvanté, qui lui criait de s'enfuir. Le peuple s'était inquiété du jeu perpétuel de ces signaux. On avait vu là quelque machination suspecte, on avait soupçonné une correspondance secrète avec le roi et les autres prisonniers du Temple, et l'on avait mis le feu à la machine. Le peuple menaçait de jeter aussi les mécaniciens dans les flammes. Chappe se retira consterné.

N'osant plus se présenter à Ménilmontant, il crut devoir mettre ses machines sous la sauvegarde du pouvoir, et il écrivit le 11 septembre 1792, la lettre suivante à l'Assemblée législative :

Messieurs,

« Vous vous rappelez que je me suis présenté devant vous, pour vous faire l'hommage d'une découverte dont l'objet est de rendre, par le secours des signaux, avec une célérité inconnue jusqu'à présent, tout ce qui peut faire le sujet d'une correspondance. Vous en avez renvoyé l'examen à votre Comité d'Instruction publique ; le résultat que je vous avais annoncé n'a point encore été constaté par vos commissaires, parce que je ne voulais pas seulement leur exposer une simple théorie, mais leur mettre des faits sous les yeux. J'ai en conséquence fait construire en grand plusieurs machines nécessaires pour cette opération ; j'en ai fait établir une à Belleville, deux autres allaient être terminées et placées, lorsque j'ai appris qu'un attroupement d'une partie des habitants de la commune de Belleville et des environs avaient brisé et détruit tous ces préparatifs, croyant qu'ils étaient destinés à servir les projets de nos ennemis ; ils menacent dans ce moment mes jours, ainsi que ceux d'un citoyen habitant de Belleville, qu'il soupçonnent d'avoir coopéré avec moi au placement de cette machine.

Ces événements, messieurs, me mettent dans l'impossibilité de faire l'expérience que j'avais promise, à moins que l'Assemblée ne me prenne sous sa sauvegarde spéciale, ainsi que les personnes nécessaires à l'exécution de cette expérience. Je m'engage à la mettre à exécution avant douze jours, si l'Assemblée veut seconder mon zèle, en m'accordant l'indemnité nécessaire aux réparations de mes machines, et surtout en prenant les mesures convenables pour ma sûreté et celle de mes coopérateurs. »

La demande présentée en ces termes, au gouvernement, devait

rester longtemps sans réponse. Le 21 septembre, la Convention nationale avait remplacé l'Assemblée législative, et les nombreuses préoccupations politiques de cette époque agitée, faisaient négliger les questions d'ordre secondaire, ou qui n'exigeaient pas une solution immédiate. Ignace Chappe ne faisait pas partie de la nouvelle Assemblée. D'un autre côté comme c'était avec leurs propres deniers que les Chappe avaient pourvu aux frais de tous les travaux, qui avaient atteint la somme de 40 000 francs, leur fortune était compromise. En même temps, leur sécurité était loin d'être assurée, car en ces temps difficiles, le peuple continuait à voir avec méfiance un mystérieux appareil dont il ne comprenait pas l'usage.

Claude Chappe avait heureusement la première qualité de l'inventeur : il avait la patience. Il attendit qu'une occasion favorable vînt éclairer son étoile, un moment éclipsée.

En attendant, Ignace Chappe qui, en sa qualité d'ancien représentant du peuple, avait conservé ses relations dans les ministères, avait soin d'entretenir les bonnes dispositions des fonctionnaires en sa faveur. Il passait de longues journées dans les bureaux de la guerre dont Bouchotte était alors ministre.

Dans une conversation qu'il eut un jour, avec le chef de division Miot, Ignace Chappe fit faire un grand pas à l'invention, non dans les choses, mais dans les mots, ce qui a bien sa valeur. On avait désigné jusque-là la machine de Chappe sous le nom de *tachygraphe*, c'est-à-dire qui écrit vite (ταχὺς, vite, γράφω, j'écris), Miot, homme lettré, qui fut plus tard membre de l'Institut, ministre plénipotentiaire et ambassadeur, n'approuvait pas l'expression de *tachygraphe*. Cette expression était, en effet, incomplète, car elle n'implique pas l'idée de l'écriture à distance. Il proposa à Ignace Chappe de remplacer cette désignation par celle de *télégraphe*, c'est-à-dire *qui écrit de loin*, expression correcte et juste, qui, ne spécifiant aucun système, exprime très-bien l'idée de la distance, et répond ainsi parfaitement à l'idée de l'invention. Cette expression, qui passa promptement dans la langue française, et de là dans d'autres langues de l'Europe, ne fut pas pour rien dans le succès du nouveau système de correspondance. C'est au mois d'avril 1793, que Miot baptisa si heureusement la découverte française[12].

Cependant plus d'une année s'était écoulée depuis le jour où

Claude Chappe avait présenté sa pétition à l'Assemblée, et les choses n'avançaient pas. La pétition avait été envoyée au Comité de l'Instruction publique, et elle dormait, oubliée dans ses cartons.

Ce fut par hasard qu'un député de la Convention, membre du Comité de l'Instruction publique, le citoyen Romme, qui avait quelques notions de sciences, trouva dans les cartons l'exposé de l'inventeur. En d'autres temps peut-être, ce projet n'eût aucunement excité son intérêt. Mais à une époque où plusieurs armées éparses sur divers points du territoire, avaient besoin de pouvoir communiquer promptement et librement entre elles, un agent rapide et secret de correspondance devait appeler l'attention des dépositaires de l'autorité publique. Frappé de la lucidité du travail de Chappe, il le signala avec éloges au Comité. Stimulé par la discussion, il finit par s'enthousiasmer de l'idée de la télégraphie. Il plaida avec feu devant ses collègues, la cause de l'inventeur. Il rédigea et lut au Comité de l'Instruction publique, un rapport explicatif sur l'invention de Chappe.

Le Comité, ayant approuvé ce rapport, autorisa le citoyen Romme à le présenter à la Convention.

Le 1er avril 1793, Romme monta à la tribune de la Convention, et donna lecture du rapport que nous allons transcrire :

« Dans tous les temps, on a senti la nécessité d'un moyen rapide et sûr de correspondre à de grandes distances. C'est surtout dans les temps de guerre de terre et de mer qu'il importe de faire connaître rapidement les événements nombreux qui se succèdent, de transmettre des ordres, d'annoncer des secours à une ville, à un corps de troupes qui serait investi. L'histoire renferme le souvenir de plusieurs procédés conçus dans ces vues, mais la plupart ont été abandonnés comme incomplets et d'une exécution trop difficile. Plusieurs mémoires ont été présentés sur ce sujet à l'Assemblée législative, et renvoyés au Comité d'Instruction publique, un seul a paru mériter l'attention.

Le citoyen Chappe offre un moyen ingénieux d'écrire en l'air en y déployant des caractères très-peu nombreux, simples comme la ligne droite, dont ils se composent, très-distincts entre eux, d'une exécution rapide et sensibles à de grandes distances, À cette première portée de son procédé, il joint une sténographie usitée dans les correspondances diplomatiques. Nous lui avons fait des objections, il les avait prévues, et y répond victorieusement ; il lève toutes les difficultés que pourrait présenter le terrain sur lequel se dirigerait sa ligne de correspondance ; un seul cas résiste a ces moyens, c'est celui d'une brume fort épaisse comme il en survient dans le Nord, dans les pays aqueux, et en hiver ; mais dans ce cas fort rare, qui résisterait également à tous les procédés connus, on aurait recours momentanément aux moyens ordinaires. Les agents intermédiaires employés dans les procédés du citoyen Chappe, ne pourraient en aucune manière trahir le secret de sa correspondance, car la valeur sténographique des signaux leur serait inconnue. Deux procès-verbaux de deux municipalités de la Sarthe attestent le succès de ce procédé dans un essai que l'auteur en a fait, et permettent à l'auteur d'avancer avec quelque assurance qu'avec son procédé, la dépêche qui apporta la nouvelle de la prise de Bruxelles, aurait pu être transmise à la Convention et traduite en 25 minutes. Vos comités pensent cependant qu'avant de l'adopter définitivement, il convient d'en faire un essai plus authentique, sous les yeux de ceux qui, par la nature de leurs fonctions, seraient le plus dans le cas d'en faire usage, et sur une ligne assez étendue, pour prendre quelque confiance dans les résultats. »

Fig. 11. — Romme.

Romme terminait son rapport en demandant que la Convention autorisât l'essai du système télégraphique de Chappe, sur une ligne d'une étendue assez grande pour permettre de le juger avec certitude.

La Convention, entrant dans cette idée, prescrit au Comité d'Instruction publique de nommer une commission qui ferait fonctionner sous ses yeux le nouvel appareil. Une somme de 6 000 francs, prise sur les fonds de la guerre, devait subvenir aux frais de cette expérience.

C'est avec cette faible somme que fut tirée de ses langes, produite au grand jour et définitivement jugée, une des plus belles, une des plus épineuses inventions des temps modernes, devant les difficultés de laquelle avaient échoué tous les efforts de vingt générations. C'est avec les plus faibles moyens d'action, avec des ressources pécuniaires qui nous paraîtraient aujourd'hui dérisoires, que les hommes de cette époque accomplissaient des prodiges. De même qu'ils improvisaient des armées sans solde et sans habillements, et qu'ils lançaient à la frontière des soldats qui gagnaient des victoires en sabots, ils savaient aussi, sans argent, sans crédit, couvrir le territoire français de créations merveilleuses. C'est que ni l'intérêt, ni l'égoïsme, ni les vaines passions, n'altéraient ces âmes puissantes, qui ne vibraient que pour les nobles sentiments du patriotisme et de l'honneur.

Les représentants Lakanal, Daunou et Arbogast, furent nommés, le 6 avril, commissaires de la Convention pour l'examen du projet de Chappe.

Daunou, qui devait bientôt jouer un grand rôle dans nos fastes législatifs, était un homme fort érudit, mais éloigné, par son genre d'esprit, des connaissances scientifiques proprement dites. Arbogast était un mathématicien, mais de ceux qui s'absorbent dans les conceptions abstraites : il devint plus tard associé de l'Institut.

Quant à Lakanal, il suffit de prononcer son nom pour évoquer la plus grande figure scientifique de la Révolution française. Docteur ès sciences, docteur ès lettres, professeur de philosophie avant 1789, Lakanal fut entraîné dans le mouvement politique de cette époque, et il fit des merveilles au sein de la Convention nationale, pour l'organisation des sciences et des lettres. On lui doit la création du Muséum d'histoire naturelle de Paris, l'organisation de l'Institut, la création de l'Ecole normale et du Bureau des longitudes, l'établissement des Écoles primaires, de l'École centrale et de l'École des langues orientales, enfin le rapport qui décida l'adoption du télégraphe.

Après avoir occupé, sous l'Empire, une position modeste autant qu'utile, sans jamais sortir de la plus honorable pauvreté, Lakanal, à la chute de Napoléon, s'imposa l'exil, et passa à la Louisiane et aux États-Unis, une vie obscure et tranquille. Revenu en France, quelque temps après 1830, il vécut de l'existence calme et sereine du savant et de l'académicien, entouré du respect et de l'affection de ses collègues. Lakanal est mort en 1844.

Dans les premiers temps de notre arrivée à Paris, nous avons eu le bonheur de voir de près cet homme simple et grand, dans son appartement de la place Royale, à deux pas de la maison de Victor Hugo. Les souvenirs qui nous sont restés de ce vieillard illustre, dernier type, admirable débris d'une génération immortelle, ne s'effaceront jamais de notre mémoire.

Dans la commission chargée d'examiner le système télégraphique de Chappe, Lakanal prit vigoureusement la défense de ce système. Il avait commencé par faire expérimenter devant lui la machine, et compris d'un coup d'œil tout ce qu'elle promettait à la politique et au progrès des nations.

Mais les deux autres commissaires, Daunou et Arbogast, résistaient à ses convictions. Ils s'appuyaient surtout sur les objections de la commission des finances. Cambon, qui régnait en maître dans cette commission, ne voyait dans le projet de Chappe qu'une source de dépenses pour l'État, dans un moment où la plus stricte économie était imposée au trésor public.

Toutes ces résistances désespéraient Claude Chappe. Il considérait son projet comme perdu, et il l'eût certainement abandonné sans l'appui de Lakanal. Quelques fragments de la correspondance de Chappe et de Lakanal, conservent les traces de ce découragement de l'inventeur, et du secours qu'il trouvait dans le persévérant conventionnel.

« Il me semble, écrit Chappe à ce dernier, que le citoyen Daunou met bien peu d'importance à mon système télégraphique. Le citoyen Arbogast témoigne la même indifférence : je n'en persiste pas moins dans la ferme persuasion que ce serait un établissement de la plus grande utilité. Quoi qu'il en soit, si vous n'étiez pas là, je désespérerais entièrement du succès. Vous lèverez les obstacles qu'on fait tant redouter de la part du Comité des finances, si peu favorable à tout ce qui intéresse les sciences et les lettres ; enfin j'espère fortement en vous, et n'espère qu'en vous seul, etc. »

Et plus loin :

« Je vous remercie bien sincèrement des consolations que vous me donnez ; j'en ai réellement besoin. Quels hommes que ce Cambon et ce Monot ! J'admire le courage et le calme que vous opposez à leurs mauvaises raisons, à leurs sorties injurieuses contre votre Comité. Les sciences ne pourront jamais acquitter les services que vous leur rendez. Je vous prie d'être bien persuadé que ma reconnaissance pour vous ne finira qu'avec ma vie. »

Citons encore la lettre suivante :

« J'apprends des divers représentants et de quelques employés du Comité, que le citoyen Daunou ne veut pas de mon projet, et que le citoyen Arbogast ne témoigne aucun empressement pour son adoption. Comment n'ont-ils pas été frappés de l'idée ingénieuse que vous avez développée hier au Comité, et à laquelle je n'avais pas songé ? L'établissement du télégraphe est, en effet, la meilleure réponse aux publicistes qui pensent que la France est trop étendue pour former une république. Le télégraphe abrège les distances et réunit en quelque sorte une immense population sur un seul point. Il y a longtemps que, rebuté de toutes parts, j'aurais abandonné mon projet, si vous ne l'aviez pris sous votre protection » [13]

Mais Lakanal le défendait avec vigueur devant la Commission. Il insistait, argument décisif à cette époque, sur l'inappréciable secours que le télégraphe devait apporter aux opérations des armées. Se plaçant ensuite au point de vue politique, il démontrait que l'unité de la nation française aurait tout à gagner à ce moyen nouveau de rattacher l'une à l'autre les différentes parties du territoire de la République. Il ajoutait que l'établissement de la télégraphie serait la meilleure réponse à faire à ceux qui prétendaient que la France était trop grande pour être dirigée par un gouvernement unique et central.

Ces arguments triomphèrent au sein de la commission. Chappe fut invité à préparer les expériences qu'il devait faire devant elle, et les fonds nécessaires furent mis à sa disposition.

Aussi Chappe s'empressait-il d'écrire à Lakanal :

« Enfin, grâce à vos courageux efforts, à votre patience inaltérable, mon projet sera examiné sur une ligne de correspondance propre à donner des résultats concluants. Vous avez fait faire les premiers fonds nécessaires à cet examen préliminaire. Nous vous attendrons, mon ami Girardin et moi, à Écouen, d'où nous vous suivrons à Saint-Martin-du-Tertre. »

Il lui écrivait encore :

« Grâces vous soient rendues mille fois ! vous avez triomphé de tous les obstacles ; que dis-je ? vous les avez transformés en moyens ; me voilà pleinement satisfait. Le projet est adopté, et le décret détermine mon rang et mes attributions pécuniaires. Je ne puis vous offrir que ma profonde gratitude ; mais elle ne périra qu'avec moi, etc. »

Et un autre jour :

« Je vous dois de nouveaux remercîments. Vous êtes inépuisable quand il s'agit de m'être utile. Je reçois l'arrêté du Comité qui met à ma disposition les fonds nécessaires pour un essai en grand. Je vais m'occuper des moyens d'exécution. Je serai très-attentif à vous tenir au courant de toutes mes opérations. Je prie mon créateur de recevoir l'hommage de sa créature » [14].

Claude Chappe, aidé de ses frères et de ses amis Delaunay et Girardin, se mit aussitôt en devoir d'exécuter l'expérience de son appareil devant les commissaires de la Convention, Il établit une véritable ligne télégraphique, composée de deux postes extrêmes et de deux postes intermédiaires.

Comme il avait encore à redouter la méfiance populaire, il voulut soustraire ses nouveaux appareils au sort funeste des premiers, et demanda au gouvernement une protection efficace, qui lui fut d'ailleurs accordée sur les instances de Lakanal.

Le 2 juillet 1793, la Convention ordonna aux maires, officiers municipaux et procureurs des communes, sur le territoire desquels les postes étaient construits, de veiller à la sécurité des appareils de Chappe. La garde nationale envoya des hommes pour garder les stations télégraphiques dans la campagne, et la Convention fit connaître officiellement, qu'elle avait elle-même ordonné, par un décret, l'essai de ces machines.

Le 12 juillet 1793, devant les membres de la Commission, auxquels s'étaient joints un grand nombre d'artistes, de savants et d'hommes politiques, Claude Chappe et ses frères procédèrent à l'expérience solennelle, qui devait décider du sort de l'invention.

La ligne partant du parc de Saint-Fargeau, à Ménilmontant, aboutissait à Saint-Martin-du-Tertre. Elle occupait une longueur de 35 kilomètres. Claude Chappe, le vocabulaire à la main, se tenait à Ménilmontant, c'est-à-dire à la première station, avec Daunou, l'un des commissaires de la Convention. Lakanal et Arbogast, avec Abraham Chappe, également muni du vocabulaire, étaient à Saint-Martin-du-Tertre, station extrême. Dans le poste intermédiaire étaient deux stationnaires (le mot remonte à cette époque). L'un avait l'œil à la lunette, l'autre, tenait la manivelle de l'instrument à signaux.

Le poste de Saint-Martin-du-Tertre ayant fait connaître, par un signal convenu, qu'il était prêt, le poste de Ménilmontant commença à expédier la phrase suivante :

« *Daunou est arrivé ici. Il annonce que la Convention nationale vient d'autoriser son Comité de sûreté générale à apposer les scellés sur les papiers des représentants du peuple.* »

Cette dépêche fut transmise en 11 minutes.

À son tour, le poste de Saint-Martin-du-Tertre expédia, en 9 minutes les vingt-six mots qui suivent :

« *Les habitants de cette belle contrée sont dignes de la liberté par leur amour pour elle et leur respect pour la Convention nationale et ses lois.* »

Les commissaires entreprirent ensuite une conversation, qui fut rapidement traduite en signaux et transmise par l'appareil. Le succès fut complet, sauf quelques légères erreurs provenant de l'inattention ou du peu d'expérience des opérateurs[15].

Les commissaires de la Convention et tous ceux qui assistaient à l'expérience, furent émerveillés de ce résultat.

Fig. 12. — Expérience du télégraphe de Chappe faite le 12 juillet 1793, de Ménilmontant à Saint-Martin-du-Tertre, devant les commissaires de la Convention.

Il est à remarquer qu'outre le télégraphe aérien qui fut expérimenté dans cette journée mémorable, Claude Chappe avait présenté aux commissaires un télégraphe nocturne, et bien plus, un télégraphe qui pouvait se déplacer, en d'autres termes, comme l'appelait l'inventeur, un *télégraphe ambulant*.

Le *télégraphe nocturne* n'était que l'appareil de jour, muni, pour l'éclairer, de quatre énormes lanternes aux extrémités de ses bras. Quant au *télégraphe ambulant*, destiné au service des armées en campagne, c'était une machine plus petite que le télégraphe ordinaire, et qui pouvait se transporter d'un lieu à un autre, sur un chariot. Mais ces deux systèmes ne furent pas expérimentés par la commission, car le rapport de la commission se borne à mentionner leur existence, sans donner aucun détail sur leur mécanisme. Ajoutons que les télégraphes ambulants, pas plus que le télégraphe nocturne, n'ont jamais été d'un emploi pratique.

L'expérience du 12 juillet 1793, avait si admirablement prononcé en faveur de la perfection du système de Chappe, qu'aucune hésitation n'était plus permise. Lakanal fut donc chargé de rédiger le rapport de la commission, destiné à être présenté à la Convention nationale.

Ce rapport fut lu, quinze jours après, le 26 juillet 1793, devant la Convention. Remarquable par l'élévation des vues, la clarté des descriptions, et son style vigoureux, fortement empreint de la couleur de l'époque, il produisit dans l'Assemblée une impression profonde. Comme cette pièce constitue un monument historique, qui honorera les sciences et notre patrie, nous croyons devoir la reproduire dans son entier.

Citoyens législateurs,

« Ce sont les sciences et les arts, autant que les vertus des héros qui ont illustré les nations, dont le souvenir se prolonge avec gloire dans la postérité, Archimède, par les heureuses inspirations de son génie, fut plus utile à sa patrie que n'aurait pu l'être un guerrier en affrontant la mort au milieu des combats.

Quelle brillante destinée les sciences et les arts ne réservent-ils pas à une république qui, par son immense population et le génie de ses habitants, est appelée à devenir la nation enseignante de l'Europe.

Deux découvertes paraissent surtout marquer dans le dix-huitième siècle ; toutes deux appartiennent à la nation française : l'*aérostat* et le *télégraphe*.

Louis Figuier

Mongolfier traça une route dans les airs, comme les Argonautes s'en étaient frayé une à travers les ondes ; et tel est l'enchaînement des sciences et des arts, que le premier vaisseau qui fut lancé prépara la découverte du nouveau monde, que l'aérostat devait servir de nos jours la liberté, et être dans une bataille célèbre le principal instrument de la victoire.

Le télégraphe rapproche les distances ; rapide messager de la pensée, il semble rivaliser de vitesse avec elle.

Comme il importe aux sciences de connaître les diverses gradations des découvertes, nous croyons devoir entrer dans quelques détails avant de vous présenter le tableau des expériences que nous avons faites, en exécution de vos décrets, pour constater l'utilité du télégraphe-pouvoir.

De tout temps on sentit la nécessité de correspondre et de s'entendre à de grandes distances, et l'on adopta pour y parvenir divers modes de signaux.

Les peuples de l'Helvétie furent appelés à l'insurrection contre le despotisme d'Albert par les feux allumés sur le sommet des montagnes.

Ce moyen de correspondance n'était pas ignoré des Gaulois, nos ancêtres.

Les Chinois paraissent faire usage du canon, en attachant quelques valeurs aux explosions plus ou moins nombreuses de la poudre.

La marine s'est emparée des signaux vexillaires de *La Bourdonnais*, et en fait l'application à quelques événements prévus ; mais l'on sent qu'il y avait loin de là à un moyen qui embrassât d'une manière simple et sûre toutes les idées et les divers modes du discours.

Le célèbre Amontons conçut et exécuta avec succès un système de signaux, dont il a gardé le secret.

Depuis plusieurs années, le citoyen Chappe travaillait à perfectionner ce langage, convaincu que, porté au degré de perfection dont il est susceptible, il peut être d'une grande utilité dans une foule de circonstances, et surtout dans les guerres de terre et de mer, où de promptes communications et la rapide connaissance des manœuvres peuvent avoir une grande influence sur le succès.

Ce n'est qu'après de longues méditations et de nombreux essais, qu'il est parvenu à former un système de correspondance, qui allie à la célérité des procédés la rigueur des résultats ; car on ne marche que pas à pas dans les découvertes, et il est difficile de calculer les obstacles. On fait, on défait, on compare, et le résultat positif n'est donné que par l'expérience.

L'électricité fixa d'abord l'attention de ce laborieux physicien ; il imagina de correspondre par le secours des temps marquant électriquement les mêmes valeurs, au moyen de deux pendules harmonisées ; il plaça et isola des conducteurs à de ceraines distances ; mais la difficulté de l'isolement, l'expansion latérale du fluide dans un long espace, l'intensité qui eût été nécessaire et qui est subordonnée à l'état de l'atmosphère, lui firent regarder son projet de communication par le moyen de l'électricité comme chimérique.

Sans perdre de vue son objet, il fit de nouveaux essais, en prenant les couleurs pour agent. Mais il reconnut bientôt que ce système n'était rien moins que sûr par la difficulté de les rendre sensibles à certaines distances, et que les résultats étaient entravés et rendus à chaque instant incertains par les diverses dispositions de l'atmosphère. En conséquence, il chercha à atteindre d'une autre manière le but qu'il s'était proposé.

Le micromètre appliqué à la lunette ou au télescope lui parut pouvoir fournir un moyen de correspondance. Il en fit établir un dont le cadran présentait diverses divisions ou valeurs conventionnelles correspondant à un même nombre de points déterminés sur un petit espace de terrain disposé à une grande distance : cet essai réussit. Mais comme ce mode de communication ne pouvait avoir lieu que pour un petit nombre de postes, il passa à de nouvelles recherches.

Il s'attacha à la forme des corps, comme susceptible de se prononcer dans l'atmosphère d'une manière certaine, et constata qu'en leur faisant affecter diverses positions, il en tirerait un moyen sûr de correspondance.

Le premier essai de ce genre eut lieu dans le département de la Sarthe, au mois de mars 1791. (V. S.) Dans cet essai, l'application des pendules harmonisées, fut combinée avec la forme des corps.

Quelque temps après, la même expérience fut répétée à Paris avec divers changements. Enfin, après avoir médité sur le perfectionnement de ses moyens, et leur exécution mécanique, le citoyen Chappe en fit, en 1792, hommage à l'Assemblée législative, qui les accueillit sans aucun fruit pour les sciences et les arts. Plus zélée pour tout ce qui intéresse leur gloire, la Convention nationale par son décret du 27 avril dernier, nous a chargés de suivre le procédé présenté par le citoyen Chappe pour correspondre rapidement à de grandes distances.

Avant de vous soumettre le résultat de nos opérations, il est nécessaire de se former une idée exacte de l'appareil dont se sert l'inventeur de cette importante découverte.

Le télégraphe est composé d'un châssis ou régulateur qui forme un parallélogramme très-allongé. Il est garni de lames à la manière des persiennes. Ces lames sont en cuivre sur-argenté et bruni. Elles sont inclinées de manière à pouvoir réfléchir horizontalement la lumière de l'atmosphère.

Le régulateur est ajusté par son centre sur un axe, dont les deux extrémités reposent sur des coussins en cuivre fixés au bout de deux montants.

Ce régulateur, mobile sur son axe, supporte deux ailes dont le développement s'effectue en différents sens.

Quatre fanaux sont suspendus aux extrémités, et y sont fixés et lestés de manière à affecter toujours la perpendiculaire.

Ces fanaux servent à la correspondance de nuit. Le mécanisme est tel que la manœuvre s'en fait sans peine et avec célérité, au moyen de certains moulinets établis à des distances convenables.

Un petit télégraphe, ou répétiteur, placé sous les yeux des manipulateurs, exécute tous les mouvements de la grande machine.

Le télégraphe ambulant est établi sur un chariot ; son mécanisme est, à quelque chose près, celui du télégraphe stationnaire : il en diffère dans les dimensions et dans la manière dont s'exécute la manœuvre ; le répétiteur, qui sert à indiquer les divers mouvements et les différentes positions du télégraphe, y est remplacé par une disposition particulière du levier, qui rend la manœuvre très-facile, et permet à un seul agent de manipuler et d'observer tout à la fois. L'analyse des différentes positions du télégraphe que nous venons de décrire présente un certain nombre de signaux parfaitement prononcés.

Le tableau représentatif des caractères qui les distinguent compose une méthode tachygraphique que je ne pourrais développer ici sans ravir à son auteur une propriété, fruit de ses longues et pénibles méditations.

La découverte que je vous annonce n'est pas seulement une spéculation ingénieuse ; ses résultats ne laissent aucune équivoque sur la transmission littérale des différents caractères propres au langage des signes.

Pour obtenir des résultats concluants, vos commissaires, accompagnés de plusieurs savants et artistes célèbres, ont fait l'expérience du procédé sur une ligne de correspondance de huit à neuf lieues de longueur.

Les vedettes étaient placées, la première dans le parc de Pelletier Saint-Fargeau, à Ménilmontant, la deuxième sur les hauteurs d'Écouen, et la troisième à Saint-Martin-du-Tertre.

Voici le résultat de l'expérience faite le 12 de ce mois :

Nous occupions, le citoyen Arbogast et moi, le poste de Saint-Martin-du-Tertre ; notre collègue Daunou était placé à celui du parc de Saint-Fargeau, qui en est distant de huit lieues et demie.

À 4 heures 26 minutes, nous arborâmes le signal d'activité, le poste de Saint-Fargeau nous transmit en 11 minutes, avec une grande fidélité, la dépêche suivante :

« Daunou est arrivé ici ; il annonce que la Convention nationale vient d'autoriser son comité de sûreté générale à apposer les scellés sur les papiers des représentants du peuple. »

Le poste de Saint-Fargeau reçut de nous, en 9 minutes, la lettre suivante :

« Les habitants de cette belle contrée sont dignes de la liberté, par leur amour pour elle et leur respect pour la convention nationale et ses lois. »

Nous continuâmes longtemps cette correspondance avec un plein succès.

Louis Figuier

Fig. 13. — Lakanal.

Dans les dépêches, il se glisse quelquefois des fautes partielles par le peu d'attention ou l'inexpérience de quelques agents. La méthode tachygraphique de Chappe offre un moyen sûr et rapide de rectifier ces erreurs.

Il est souvent essentiel de cacher aux observateurs intermédiaires placés sur la ligne de correspondance le sens des dépêches. Le citoyen Chappe est parvenu à n'initier dans le secret de l'opération que les stationnaires placés aux deux extrémités de la ligne.

Le temps employé pour la transmission et la révision de chaque signal d'un poste à l'autre, peut être estimé, en prenant le terme moyen, à 20 secondes : ainsi, en 13 minutes 40 secondes, la transmission d'une dépêche ordinaire pourrait se faire de Valenciennes à Paris.

Le prix de chaque machine, en y comprenant les appareils de nuit, pourrait monter à 6 000 livres ; d'où il résulte qu'avec une somme de 96 000 livres, on peut réaliser cet établissement d'ici aux frontières du Nord ; et, en déduisant de cette somme le montant des télescopes et pendules à secondes que la nation n'a pas besoin d'acquérir, elle est réduite à 58 400 livres.

Vos commissaires ont pensé que vous vous empresseriez de nationaliser cette intéressante découverte, et que vous préféreriez à des moyens lents et dispendieux un procédé propre à communiquer rapidement, à de grandes distances, tout ce qui peut faire le sujet d'une correspondance.

Ils pensent que vous ne négligerez pas cette occasion d'encourager les sciences utiles ; si leur foule, épouvantée, s'éloignait jamais de vous, le fanatisme relèverait bientôt ses autels, et la servitude couvrirait la terre. Rien en effet ne travaille plus puissamment pour les intérêts de la tyrannie que l'ignorance.

Voici le projet de décret que je vous propose, au nom de votre commission réunie au comité d'instruction publique ;

La Convention nationale accorde au citoyen Chappe le titre d'*ingénieur-télégraphe*, aux appointements de lieutenant du génie.

Charge son comité de salut public d'examiner quelles sont les lignes de correspondance qu'il importe à la République d'établir dans les circonstances présentée[16]. »

La Convention, dans sa séance du 25 juillet, convertit en décret la proposition de Lakanal. Adoptant officiellement le télégraphe de Chappe, elle ordonna au Comité de salut public de faire établir sur le territoire français une ligne de correspondance, composée du nombre de postes nécessaires. Claude Chappe reçut le titre d'*ingénieur-télégraphe*, avec un traitement de 5 livres 10 sous par jour, pour assimiler sa situation à celle de lieutenant du génie.

C'est du 25 juillet 1793, bien que la première ligne télégraphique n'ait pu être établie et fonctionner qu'un an plus tard, que date l'adoption, par le gouvernement français, de la télégraphie aérienne. À partir de ce moment, elle appartint à l'Etat, et devint une branche de l'administration du gouvernement.

Après le mérite primordial de l'inventeur, c'est donc au gouvernement de la République que revient la gloire d'avoir adopté et popularisé cette invention. C'est à Lakanal, en particulier, sans oublier le citoyen Romme, qui sut appeler l'attention sur l'inventeur, que le monde est redevable de l'adoption générale de la télégraphie. Avant Claude Chappe, bien des systèmes avaient été proposés et essayés. Tous, sans en excepter celui d'Amontons, étaient tombés dans l'oubli. Le télégraphe de Chappe aurait certainement éprouvé le même sort, si la Convention nationale, poussée surtout par le désir de pourvoir aux nécessités de la guerre, ne l'avait adopté et mis en pratique.

Il nous reste à raconter les difficultés pratiques que rencontra l'établissement des machines de Chappe sur le territoire français.

CHAPITRE VII

COMMENT FUT ÉTABLIE SUR LE TERRITOIRE DE LA RÉPUBLIQUE FRANÇAISE LA PREMIÈRE LIGNE DE TÉLÉGRAPHIE. — CRÉATION DE LA LIGNE DE PARIS À LILLE.

Le Comité de salut public fut chargé par la Convention nationale, de diriger l'établissement des postes télégraphiques. Le 4 août 1793, ce Comité suprême décida, sous l'inspiration de Carnot, que deux lignes seraient créées d'urgence : la première partant de Lille, pour aboutir à Paris ; la seconde de Paris à Landau, ville de Bavière, alors au pouvoir de la France, et qui marquait la limite présente de ses frontières à l'Est.

L'idée qui présida à l'adoption de la télégraphie au sein de la Convention, et qui détermina le choix des deux lignes que nous venons d'indiquer, était donc toute militaire. On va comprendre ce qui décida à établir de préférence ces deux voies télégraphiques, aboutissant l'une à Lille, l'autre à Landau.

On était au plus fort de l'invasion étrangère, et nos armées, refoulées au nord par les Autrichiens, étaient en pleine retraite. Condé et Valenciennes étaient au pouvoir de l'ennemi. Le prince de Cobourg marchait sur Paris, à la tête de 180 000 hommes. Il était suivi d'un corps de 20 000 Autrichiens etHanovriens, sous les ordres du duc d'York. Luxembourg et Namur étaient occupés par le prince de Hohenlohe, avec 30 000 Allemands. Enfin 76 000 hommes, commandés par le roi de Prusse et le général Würmser, étaient échelonnés entre les Vosges et Lauterbourg.

40 000 Piémontais, appuyés par 8 000 Autrichiens, avaient franchi les Alpes, et menaçaient le Midi ; et tandis que les défilés des Pyrénées étaient occupés par 22 000 Espagnols, Toulon était aux mains des Anglais.

D'un autre côté, Lyon, qui s'était insurgé contre la Convention, arborait ouvertement le drapeau de la révolte, après avoir chassé les représentants du peuple. La Vendée avait, de son côté, pris les armes contre la République.

Pour faire face à tant d'ennemis au dehors, à tant de révoltes au dedans, la Convention disposait de 400 000 hommes, à peine. Ces hommes étaient mal vêtus, mal nourris, mal disciplinés, mal payés.

Il est évident qu'une découverte comme celle du télégraphe de Chappe, qui devait permettre aux chefs d'armée de correspondre rapidement entre eux, et qui donnait aux villes assiégées, la faculté de faire passer des signaux et des dépêches par-dessus le front des corps assiégeants, était un sourire que la Providence adressait à la France au milieu de ses angoisses.

C'est ce que comprit le Comité de salut public. C'est pour cela qu'il décida que des télégraphes seraient placés aux abords des villes assiégées, et que les lignes à établir partiraient de l'extrémité des frontières, c'est-à-dire de Lille et de Landau, pour aboutir à Paris. Il plaça les télégraphes sous la direction du ministre de la guerre ; mais il s'en réserva la direction supérieure, et le ministre ne dut se servir des télégraphes que d'après ses ordres.

Les frères Chappe furent mis à la tête de l'administration des télégraphes. Mais comme ils ne pouvaient suffire, à eux seuls, à l'organisation d'un service si nouveau, on leur adjoignit d'abord, en qualité de commissaire du gouvernement, le citoyen Garnier, qui ne conserva que peu de temps ces fonctions ; ensuite le citoyen Delaunay (l'inventeur du vocabulaire) et les citoyens Brunet et Barcon, amis des frères Chappe.

La République n'était pas seulement menacée par toute sorte de périls, extérieurs et intérieurs. Elle était fort pauvre. Aussi le Comité de salut public recommanda-t-il la plus sévère économie dans l'autorisation des dépenses nécessaires pour la construction des machines et des postes télégraphiques. Dans son rapport à la Convention, Lakanal avait proposé de construire les appareils et d'aménager les stations avec des objets faisant partie du mobilier de l'Etat. Cette idée fut mise en pratique. Les lunettes d'approche, comme les lits, les chaises, les tables, et tout le matériel qui pouvait s'adapter à cette destination nouvelle, furent tirés des magasins de l'État. On poussa l'économie jusqu'à décider que les télégraphes qui avaient servi aux expériences exécutées par Chappe, devant les commissaires de la Convention, seraient enlevés et transportés sur la ligne en construction[17].

D'après les devis présentés par Chappe, qui étaient basés sur les plus stricts besoins, le Comité de salut public mit à la disposition du ministre de la guerre, la somme de 166 240 francs, pour construire la ligne de Lille à Paris. Il faut remarquer, pour réduire ce chiffre à sa véritable signification, que cette somme de 166 240 francs était en assignats, et que déjà les assignats avaient perdu 40 p. 100 de leur valeur nominale. Avec cette réduction, la somme qui était mise à la disposition de l'*ingénieur-télégraphe*, pour conserver le nom officiel que portait Claude Chappe, ne représentait guère que 80 à 90 000 francs.

C'était assurément un grand point que d'avoir arrêté en principe l'établissement de la télégraphie sur le territoire de la République, et d'avoir pris les meilleures mesures administratives applicables à cet objet. Mais ce n'était pas tout. Il ne suffisait pas de décréter, il fallait exécuter, et c'était là le point difficile. Avec la France en feu, la pénurie de l'État, l'absence des matériaux de toutes sortes, et les défiances universelles des populations, improviser seize stations télégraphiques, au milieu des campagnes agitées, fabriquer le matériel des instruments et le mettre en place, c'était un ensemble d'opérations qui aurait été impossible chez une autre nation que la France de 1793. Mais le zèle patriotique faisait naître tant de dévouements particuliers, excitait le génie de tant d'individus, que ce miracle vint s'ajouter à tous ceux qui honorèrent alors et sauvèrent notre patrie.

Il y avait deux objets à remplir : établir en pleine campagne, les maisonnettes des stationnaires ; construire, à Paris, les appareils télégraphiques.

Claude Chappe se réserva la construction mécanique, et chargea ses collègues de la seconde partie du programme, c'est-à-dire de l'exécution de la ligne.

C'est dans la construction des lignes en pleine campagne que se rencontrèrent les plus grands obstacles. Ici tout était nouveau ; il fallait tout créer. Le tracé de la ligne, la distance des postes, le choix des emplacements de chaque station, étaient autant d'études qu'il fallait entreprendre sans aucune espèce de précédent. Les agents de Chappe firent toutes les opérations sur le terrain, en se servant eux-mêmes du niveau et des instruments d'arpentage. Avec quelques principes d'optique, et quelques données, sur la météorologie locale, ils se mirent à l'œuvre pour la première opération à entreprendre, c'est-à-dire le tracé de la ligne et la désignation de l'emplacement des stations.

Le gouvernement, pour faciliter leurs travaux, donna l'autorisation de placer les télégraphes sur les tours, clochers et édifices appartenant à l'État ou aux communes. Il permit de faire abattre ou élaguer les portions de bois ou d'arbres qui arrêtaient les rayons visuels d'une station à l'autre, et d'établir des constructions sur les terrains, quels que fussent leurs propriétaires. Des experts, nommés par la municipalité et par les propriétaires, fixaient les indemnités accordées soit pour les arbres abattus, soit pour le loyer des terrains occupés par les constructions.

Après ces opérations préliminaires, les agents de Chappe se distribuèrent le long de la ligne adoptée, pour faire commencer la construction des maisonnettes destinées à recevoir l'appareil, soit dans les villes, soit dans la campagne.

Mais c'est ici que les difficultés commençaient. L'industrie ne pouvait fournir aucun instrument de précision, aucun outil autre que celui qui servait aux travaux les plus grossiers. On ne fabriquait alors que des armes, et l'industrie française n'était propre à aucune autre production. On n'avait ni bois sec, ni métaux, ni matériaux de bâtisse. Dès les premiers jours, on s'aperçut qu'il n'y avait ni pierres pour les maçons, ni bois pour les charpentiers. Il fallait aller chercher le bois dans les forêts, et la pierre dans les carrières. Quand on avait équarri les poutres et taillé les pierres, on ne trouvait aucun moyen de transport. Les chevaux étaient tous pris pour le service de l'armée, et les paysans ne consentaient pas à se séparer de leurs bêtes de trait. Le Comité de salut public, qui avait mis en réquisition tous les matériaux disponibles sur le parcours de la ligne, dut aussi mettre en réquisition des hommes, et les chevaux des propriétaires et des paysans. Ce n'était pourtant qu'à force de prières ou de menaces qu'on parvenait à obtenir quelques bêtes de trait.

Louis Figuier

Puis, lorsqu'à grand'peine, le bois, la pierre, les métaux étaient enfin rendus aux points désignés pour l'emplacement des maisonnettes télégraphiques, on ne trouvait point d'ouvriers. Le maçon, le charpentier, le serrurier, étaient partis, parce qu'ils n'étaient pas payés ou parce qu'on les payait en assignats, le désespoir des campagnes. Les inspecteurs étaient alors forcés de prendre eux-mêmes la truelle en main, de manier le rabot ou le marteau, pour transformer les paysans de la localité en maçons, en charpentiers, en serruriers. Mais le plus souvent, ces ouvriers improvisés profitaient de la nuit pour s'échapper du chantier.

Fig. 14. — Construction d'un poste télégraphique, en 1793.

Quant au payement des hommes, il se faisait sans aucune règle administrative. Les agents se remettaient les uns aux autres, et de la main à la main, les fonds que Claude Chappe leur envoyait, et cela sur parole, sans aucun reçu, sans le moindre système de comptabilité. Souvent ils étaient forcés de payer de leurs propres deniers les sommes qui n'arrivaient pas, afin de déterminer les ouvriers à reprendre des travaux suspendus depuis des semaines entières.

Ce n'est pas tout : il y avait encore à défendre les baraques télégraphiques et les instruments contre les défiances et la malveillance des habitants des campagnes. Le peuple de Paris avait, comme nous l'avons raconté, brisé les machines de Chappe, à deux reprises différentes. Les mêmes sentiments de méfiance régnaient dans les provinces, et souvent les ouvriers employés aux constructions des stations, comme les agents qui les dirigeaient, furent forcés de travailler le fusil en bandoulière ou le pistolet à la ceinture[18].

Les mêmes sentiments de suspicion se manifestaient jusque dans les villes. À Lille, par exemple, Abraham Chappe dut se produire dans les assemblées populaires et dans les clubs, pour expliquer que les travaux du télégraphe étaient entrepris dans le seul intérêt de la république, et pour la défense de son territoire.

C'est au prix de tant de peines, c'est grâce à tant de dévouements et d'efforts, que les seize stations de Lille à Paris furent construites dans l'intervalle de moins d'une année.

À mesure que les stations étaient terminées, Claude Chappe y apportait lui-même les appareils télégraphiques qu'il faisait fabriquer à Paris, dans un atelier de serrurerie placé sous sa direction.

Ce n'était pas sans peine qu'il était parvenu à établir dans la capitale cet atelier mécanique pour la construction de ses appareils. Bien qu'il ne s'agît, en définitive, que d'exécuter un même instrument d'après un modèle unique, l'inexpérience des ouvriers occasionnait de grands retards. Les matériaux mêmes faisaient souvent défaut. Il fallait pour construire en entier un télégraphe, environ 4 000 livres de fer, — 100 livres de fil de fer, — 128 livres de fil de laiton, — 118 de cuivre, — 1 350 de plomb laminé, — 510 livres de plomb brut, — 120 feuilles de fer-blanc, et 19 de tôle[19].

Tout cela n'était pas facile à se procurer. Puis, quand on avait rassemblé les matériaux, c'était souvent les ouvriers qui manquaient. Il fallait aller les chercher au club, et les ramener à l'atelier.

Claude Chappe habitait quai Voltaire, 23. Il correspondait avec les inspecteurs, qui lui adressaient un rapport tous les dix jours, sur l'état des travaux. Il faisait de fréquents voyages sur la ligne, et, comme nous l'avons dit, il allait lui-même établir sur place les appareils, au fur et à mesure de leur fabrication.

Au mois de mars 1794, la ligne était terminée, et pourvue, sur tout le parcours, de son matériel complet. Les stations étaient des maisonnettes de forme pyramidale, surmontées d'un échafaudage, sur lequel se dressait l'appareil à signaux.

Cet appareil, beaucoup plus lourd et plus massif que celui qui fut construit depuis, était presque tout de fer. La manipulation consistait à faire prendre aux bras 196 positions différentes. La moitié de ces signes, c'est-à-dire 98, étaient consacrés à donner des avis aux stationnaires pour le service ; l'autre moitié suffisait pour les signaux de la correspondance. Chacun de ces signaux servait à trouver un mot dans le vocabulaire, composé de 9 999 mots. Nous expliquerons plus loin l'emploi de ce vocabulaire.

Chaque poste était pourvu de deux lunettes d'approche. Deux stationnaires étaient affectés à chaque poste. Aux postes extrêmes seulement, c'est-à-dire à Lille et à Paris, il y avait quatre stationnaires. On avait pris ces agents parmi les anciens militaires, et les ouvriers capables d'apporter, sur place, aux appareils les réparations urgentes.

Quelques semaines furent consacrées à exercer tous les stationnaires de la ligne à l'exécution des signaux de la correspondance et du service.

Comme il importait que la tête de la ligne fût placée au milieu de la capitale, le Comité de salut public décida que le poste de Paris serait établi au-dessus du palais du Louvre, Cette station correspondait avec une autre placée sur la butte Montmartre. De son appartement du quai Voltaire, Claude Chappe, l'*ingénieur-télégraphe*, apercevait les signaux de l'appareil du Louvre, et pouvait en prendre note. Tout se passait sans faste et sans apprêt à cette époque où les services publics s'exécutaient par le concours simple et désintéressé de citoyens au cœur dévoué.

Ce fut à la fin de prairial 1794 que les Parisiens virent avec surprise se dresser, pour la première fois, sur le dôme du Louvre, le télégraphe de Claude Chappe, peint aux couleurs nationales[20].

CHAPITRE VIII

LA TÉLÉGRAPHIE AÉRIENNE EST INAUGURÉE, AU SEIN DE LA CONVENTION, PAR L'ANNONCE D'UNE VICTOIRE.

Le télégraphe de Paris à Lille était en état de fonctionner à la fin du mois d'août 1794 (fructidor an II). Les circonstances qui nécessitèrent l'envoi de la première dépêche à la Convention, ont inscrit une page des plus brillantes dans notre histoire nationale.

La ville de Condé venait d'être reprise sur les Autrichiens. Le jour même, c'est-à-dire le 1er septembre 1794, à midi, une dépêche s'élançait de la tour Sainte-Catherine à Lille, et volait, de station en station, comme sur l'aile des vents, jusqu'au dôme du Louvre de Paris. Elle y arrivait au moment où la Convention ouvrait sa séance.

Carnot monta à la tribune, et, tenant à la main un papier, il dit de sa voix vibrante :

« Citoyens, voici la nouvelle qui nous arrive à l'instant, par le télégraphe que vous avez fait établir de Paris à Lille :

« Condé est restitué à la République : la reddition a eu lieu ce matin à 6 heures. »

Un tonnerre d'applaudissements accueille ces paroles. Les députés se lèvent en masse ; les tribunes éclatent en bravos prolongés ; un enthousiasme patriotique étreint les cœurs de toute l'assemblée, qui fait retentir un long cri en l'honneur de l'invention nouvelle, si brillamment inaugurée pour l'honneur et le salut de la patrie.

Quand le calme est un peu rétabli, le député Gossain remplace Carnot à la tribune :

« Je demande, dit-il, que le nom de la ville de Condé soit changé, et qu'elle prenne le nom de *Nord-Libre*. »

Le décret est rendu.

Cambon se lève à son tour et dit :

« Je demande que le décret que vous venez de rendre, soit expédié à l'instant par le télégraphe, à Lille, qui le transmettra à *Nord-Libre*, par un courrier. »

« Je demande, ajoute un autre député, nommé Granet, qu'en même temps que vous apprendrez à Condé son changement de nom, vous déclariez que l'armée du Nord a encore une fois bien mérité de la patrie. »

Fig. 15. — Carnot annonce à la Convention la nouvelle expédiée, par le télégraphe, de la prise de Condé sur les

CHAPITRE VIII

Autrichiens.

Toutes ces propositions furent adoptées. Le message qui les résumait fut expédié à Claude Chappe, qui les transmit à Lille et à Condé.

La séance de la Convention durait encore lorsque la réponse à son message arriva par le télégraphe. Claude Chappe la faisait connaître par la lettre suivante, dont le président donna lecture, au milieu de l'enivrement de l'assemblée :

« Je t'annonce, citoyen président, que les décrets de la Convention nationale, qui annoncent le changement du nom de *Condé* en celui de *Nord-Libre*, et celui qui déclare que l'armée du Nord ne cesse de bien mériter de la patrie, sont transmis ; j'en ai reçu le signal par le télégraphe. J'ai chargé mon préposé à Lille de faire passer ces décrets à *Nord-Libre* par un courrier extraordinaire. »

Ainsi se termina la journée du 15 fructidor an II, si mémorable pour la télégraphie aérienne.

L'enthousiasme qui avait saisi tous les cœurs, au sein de la Convention, fut ressenti par le pays entier, et l'Europe conjurée contre la France, frémit au récit des prodiges qu'enfantaient parmi nous le patriotisme et le génie.

CHAPITRE IX

CRÉATION DE LA LIGNE TÉLÉGRAPHIQUE DE PARIS À STRASBOURG. — LA TÉLÉGRAPHIE SOUS LE DIRECTOIRE. — ÉTABLISSEMENT DE LA LIGNE DE PARIS À BREST. — LA TÉLÉGRAPHIE SOUS LE CONSULAT ET SOUS L'EMPIRE. — LA LOTERIE ET LE TÉLÉGRAPHE.

Après avoir créé la ligne de Paris à Lille, le Comité de salut public décréta, le 12 vendémiaire an III, l'exécution de la ligne destinée à relier la capitale à nos frontières à l'est, c'est-à-dire à Landau (Bavière).

Le Comité de salut public trouvait que le passage des dépêches sur la ligne de Paris à Lille se faisait avec trop de lenteur. Il avait été prouvé, en effet, que la moitié seulement des dépêches déposées arrivait en temps opportun. Le vice de cette ligne, c'était le trop grand éloignement des stations : elles étaient à 14 kilomètres l'une de l'autre. Le vocabulaire avait également besoin d'être modifié.

Chappe se prépara à tenir compte des observations que la pratique avait révélées, et à modifier ses plans en conséquence. Il fit nommer ses frères Ignace et François comme ses adjoints, et installa la nouvelle administration du télégraphe, dans un local spécial, l'hôtel Villeroy, qui était situé rue de l'Université, n° 9. Cette maison a été démolie sous Louis-Philippe, pour le percement de la rue Neuve-de-l'Université[21].

Un atelier de menuiserie, un atelier de serrurerie pour la construction des appareils, et un magasin central, furent établis à l'hôtel Villeroy, en même temps que tout un service de bureaux, composé de commis, expéditionnaires, dessinateurs, etc.

La ligne de Paris à la frontière d'Allemagne passait par Châlons, Metz, Strasbourg et Landau. Mais les désordres financiers et les difficultés politiques du temps devaient beaucoup retarder l'exécution de cette ligne, qui ne fut pas poussée plus loin que Strasbourg.

Les travaux de Paris à Metz marchaient assez bien ; mais partout ailleurs, ils rencontraient toutes sortes de difficultés. Malgré les réquisitions ordonnées par le Comité de salut public, les matériaux étaient très-difficiles à rassembler, et il fallut souvent user d'expédients. On manquait, par exemple, de fils de laiton : Chappe imagina de les remplacer par les cordes de métal qui servaient à suspendre les lampes, dans les demeures aristocratiques. Il obtint ainsi l'autorisation de s'approvisionner du matériel à sa convenance dans les magasins où se conservaient les mobiliers confisqués comme biens nationaux. Il s'empara ainsi de grandes quantités de plomb, de fer, de cordes, de bois secs, etc.[22]. Le bois vert que l'on prenait dans les forêts de l'État n'était pas bon à grand'chose ; on échangea ces bois verts contre des bois secs renfermés dans les magasins de l'Arsenal.

Mais le manque d'argent était un vice irrémédiable. Les employés de la ligne de Lille, qui recevaient 6 livres d'assignats par jour, mouraient de faim. On leur accorda, ainsi qu'aux employés de la ligne de l'Est, une ration en nature, composée d'une demi-livre de viande et d'une livre et demie de pain chaque jour.

Le Comité de salut public ne s'arrêtait pas devant de tels obstacles. Malgré l'interruption des travaux, il ordonna que la ligne télégraphique de Lille serait prolongée jusqu'à Ostende d'un côté, et jusqu'à Bruxelles de l'autre. Les armées de la Convention avaient envahi la Belgique, ne fallait-il pas pousser les télégraphes jusqu'à la nouvelle frontière ?

Mais la Convention nationale avait terminé sa mission glorieuse. Elle se sépara le 4 brumaire an IV.

Le Directoire, après avoir rétabli les ministères, plaça les télégraphes dans les attributions du ministère de la guerre.

La télégraphie était dans un triste état, lorsque le Directoire prit les rênes du gouvernement. Le manque de fonds paralysait tout son essor. La dépréciation des assignats était devenue telle, que 100 livres en papier ne valaient pas 4 sous, tandis que le prix des objets de consommation augmentait dans des proportions effrayantes.

Le Directoire, sous l'impulsion de Carnot, toujours attentif à l'administration qu'il avait fondée, s'intéressait pourtant à la télégraphie. Il avait pris quelques bonnes mesures, lorsque la faillite de l'État vint jeter dans le désarroi toutes les administrations publiques et la France entière.

Les *mandats territoriaux* avaient remplacé les assignats ; mais la même dépréciation n'avait pas tardé à les atteindre. Un mandat de 100 livres n'était pas reçu sans difficulté, pour une livre en numéraire. Claude Chappe dut prendre, avec douleur, le parti de suspendre les travaux. La section de Strasbourg à Landau fut abandonnée, les ateliers furent dissous. À la fin de l'an V, toute l'administration était disloquée. Les matériaux, abandonnés dans les chantiers déserts, étaient détériorés ou volés ; les employés de la ligne de Lille n'étaient pas payés depuis six mois.

Les lignes télégraphiques allaient disparaître en France, peut-être sans retour, lorsqu'un événement politique bien fortuit vint arrêter leur ruine imminente. Le congrès de Rastadt s'était réuni ; et le Directoire voulait pouvoir en suivre à chaque instant les délibérations. Au mois de brumaire de l'an VI, il ordonna que la ligne télégraphique de Strasbourg serait reprise et terminée d'urgence ; et il eut la bonne précaution, pour assurer l'exécution de sa volonté, de fournir des fonds en numéraire.

Louis Figuier

Grâce à cette circonstance, le service fut réorganisé, les employés furent rappelés et les travaux repris. Cinq mois suffirent à l'entier achèvement de la ligne, et dans le courant de l'an VI, la ligne de Paris à Strasbourg était terminée. Elle comprenait 46 postes, et avait coûté 176 000 francs[23].

Nous avons dit que le Comité de salut public avait décidé de prolonger la ligne de Paris à Lille jusqu'à Ostende, notre frontière de Belgique. Le Directoire, pour relier à Paris notre principal port militaire, résolut, au mois de germinal an VI, d'établir une ligne télégraphique de Paris à Brest.

Cette ligne fut construite d'après les données de Chappe, aux frais du ministère de la marine. Elle fut terminée en sept mois. Elle comprenait 55 postes, et coûta 300 000 francs.

Dans l'établissement de cette troisième ligne télégraphique, on avait profité de l'expérience déjà acquise. Les maisonnettes, construites en bonne maçonnerie, contenaient un logement pour les stationnaires. De cinq postes en cinq postes, on installa des stationnaires, plus instruits que leurs collègues, et qui inscrivaient sur un registre les signaux qui traversaient la ligne[24].

Une quatrième ligne fut ordonnée par le Directoire : elle allait de Paris à Lyon, par Dijon.

Cependant l'état des finances ne s'était pas amélioré sous le Directoire. Les employés étaient toujours mal payés, car en l'an VII leurs appointements étaient en arrière de douze mois. Le service télégraphique était donc encore menacé d'une désorganisation totale ; pour la seconde fois, il paraissait à la veille de sa ruine.

Pour prévenir ce résultat désastreux, le Directoire, le 8 vendémiaire an VIII, sur le rapport du ministre de l'intérieur, prit un arrêté qui mettait à la disposition de ce ministre une somme de 12 000 francs par décade, jusqu'à concurrence de 210 250 francs, passif financier de la télégraphie. Cette mesure devait liquider tout l'arriéré de cette administration.

Les termes de cet arrêté montrent bien, d'ailleurs, quelle importance le Directoire attachait à la télégraphie, comme moyen de faciliter l'exercice du gouvernement. On lit, en effet, dans ce document :

« Que le service des lignes télégraphiques est aussi important au maintien de la République que celui des armées ;

Que s'il est urgent de pourvoir au payement de la solde des défenseurs de la patrie, il ne l'est pas moins de faire payer le montant des appointements qui sont dus aux préposés à la transmission télégraphique ;

Que, si cette mesure est réclamée par la justice et l'humanité, elle était impérieusement commandée par l'intérêt public ;

Et qu'enfin le seul moyen de préserver les lignes télégraphiques de la désorganisation totale est de faire jouir les stationnaires de leur traitement, dont le retard les expose à toutes les horreurs de la misère et les force d'abandonner leurs postes[25]. »

Ce fut là le dernier acte du Directoire, dans ses rapports avec la télégraphie. Ce gouvernement, pendant les cinq années de sa durée, avait pris le plus grand intérêt à l'invention de Chappe. Il avait doté la France de deux grandes lignes et de deux embranchements. Mais il n'avait pu triompher, dans ce cas, pas plus que dans les autres branches de l'administration publique, des embarras financiers, héritage de la période révolutionnaire.

Les consuls eurent peu le loisir de s'occuper des télégraphes, et Bonaparte lui-même n'y songea qu'un peu tard. Il s'appliqua seulement à régulariser ce service, au point de vue administratif. En l'an IX, trois lignes étaient en fonction : celle du Nord, celles de l'Est et de la Bretagne, et l'on construisait, mais avec beaucoup de lenteur, la ligne du Midi, par Dijon et Lyon.

Ces lignes ne rapportaient rien au gouvernement, et nécessitaient, pour l'entretien et le service, des frais qui, en l'an VIII, s'étaient élevés à 434 000 francs. Malgré toutes les promesses du gouvernement, la situation financière de cette administration était de plus en plus mauvaise.

Le premier consul n'y trouva d'autre remède que de réduire considérablement le crédit accordé à la télégraphie. Un arrêté du 3 nivôse an IX, fixa à 150 000 francs le crédit annuel pour le service de toutes les lignes.

C'était une mesure désespérée, qui semblait, une fois encore, annoncer la fin prochaine de la télégraphie française. En effet, la ligne de Lyon fut abandonnée, et le personnel de la télégraphie singulièrement réduit.

Claude Chappe voyait avec chagrin la ruine de l'administration qu'il avait fondée. Dans cette situation extrême, il lui vint à l'esprit une pensée de salut. La télégraphie, qui depuis son origine, n'était pour le gouvernement qu'une source de dépenses, lui semblait pourtant en état de vivre par elle-même. Déjà, sous le Directoire, il avait proposé d'établir une télégraphie privée. Il croyait que les commerçants des villes et de l'intérieur de la France, devaient tirer de très-grands avantages de la connaissance des nouvelles de Paris. Il pensait que si les ports de mer pouvaient signaler dans la capitale ou dans les autres villes, les arrivages maritimes ; si Marseille et Lyon, Brest et Bordeaux, Strasbourg et Lille, etc., pouvaient recevoir, le jour même, l'annonce du cours de la bourse, ou celui du change dans les différentes places, etc., l'administration télégraphique pourrait être largement rétribuée en retour de ces précieuses communications.

Cette idée, que le Directoire n'avait pas eu le loisir d'examiner, Claude Chappe la soumit au premier consul. Seulement il ne se bornait pas à appliquer la télégraphie privée aux besoins du commerce. Il s'adressait, calcul d'un résultat certain, à la plus forte passion des hommes : à la cupidité. Il proposait de signaler par le télégraphe, les numéros sortants de la loterie.

Cette idée était d'autant plus heureuse que la loterie rencontrait en province, une grande cause d'embarras. Il était permis de prendre des billets, dans les villes des départements, jusqu'à l'heure dernière où la liste des numéros gagnants arrivait par la poste, c'est-à-dire plusieurs jours après la clôture officielle des bureaux de Paris, faite après la publication des numéros gagnants. Cette latitude laissée aux bureaux de province, gênait beaucoup l'administration de la loterie, car la fraude trouvait toujours quelque moyen, sinon de connaître les numéros sortis à Paris, du moins de le faire accroire, de sorte que les offices particuliers des départements gênaient considérablement ceux de la capitale.

C'est là ce que fit valoir très-habilement Claude Chappe.

Les administrateurs de la loterie parisienne saisirent avec empressement sa proposition. Bientôt une large subvention fut accordée par la loterie, à l'administration des télégraphes, qui consentit à faire parvenir, le jour même du tirage, les numéros gagnants sur tout le parcours de ses lignes. La loterie trouvait à cela l'avantage de déjouer toute fraude, d'empêcher tout jeu illicite ; et les télégraphes y trouvaient le moyen de subsister que leur refusait le premier consul.

C'est ainsi que Claude Chappe parvint, une fois encore, à prévenir la ruine de la télégraphie. Ce que n'avaient pu obtenir les meilleures raisons politiques et administratives, la passion du jeu, habilement exploitée, permit de le réaliser. La loterie versait habituellement une somme annuelle de 100 000 francs dans les caisses de la télégraphie, et pendant longtemps la ligne de Strasbourg, par exemple, n'eut d'autre ressource, pour ses frais de service et d'entretien, que la subvention de la loterie. Cette subvention a duré jusqu'à la suppression de la loterie par le gouvernement de Louis-Philippe.

CHAPITRE X

LA TÉLÉGRAPHIE AÉRIENNE SOUS L'EMPIRE. — MORT DE CLAUDE CHAPPE. — LA TÉLÉGRAPHIE SOUS LA RESTAURATION.

Napoléon Ier laissa la télégraphie fort à l'écart jusqu'à la fin de son règne. Il ne s'en souvint que lorsque l'Europe coalisée se préparait à envahir la France, et menaçait ses frontières, pour la couvrir bientôt de ses bataillons. Alors seulement Napoléon fit appel à l'invention qu'il avait tant négligée. Mais il était trop tard. Auxiliaire puissant dans les guerres du dehors, pour instruire rapidement le pouvoir central, des opérations militaires qui se passent aux frontières, la télégraphie est impuissante dans un pays en partie occupé, ou seulement inquiété, par des troupes ennemies. La télégraphie aérienne avait protégé la France en 1793, et contribué à son salut, parce que notre pays était resté vierge de toute invasion victorieuse. Elle ne put la sauver en 1814, après l'entrée des alliés, qui eurent bientôt fait de détruire une ligne télégraphique précipitamment établie par l'Empereur, comme un accessoire tardif de ses opérations défensives. C'est ce que nous allons brièvement raconter.

Sous Napoléon Ier, la ligne de Paris à Lyon fut terminée, et prolongée jusqu'à Turin ; elle fut mise en activité en 1805.

Pendant la même année, la ligne du Nord, qui avait déjà un embranchement sur Boulogne, fut prolongée sur Anvers et Flessingue, et en 1810, jusqu'à Amsterdam. La ligne d'Italie fut poussée jusqu'à Milan et Venise, avec un embranchement sur Mantoue.

Claude Chappe ne devait pas voir ces derniers développements de sa chère invention. Il était déjà fort attristé du peu d'encouragement que son administration recevait de l'empereur. À cet ennui vinrent se joindre les douleurs cruelles que lui faisait éprouver une maladie chronique de la vessie. Il ne put se défendre du désespoir, et se coupa la gorge, le 25 janvier 1805.

Sa mort passa, d'ailleurs, inaperçue. On mit à sa place, comme administrateurs des lignes télégraphiques, ses deux frères Ignace et Pierre, et tout fut dit.

Mais si les gouvernements sont ingrats, la conscience publique reste fidèle au souvenir des gloires nationales. Quand on entre au cimetière du Père Lachaise, on aperçoit, dans un coin retiré, un monument très-simple, composé d'une sorte de rocher agreste, que surmonte un télégraphe de fonte. C'est la tombe de Claude Chappe, Les hommes n'ont pas élevé d'autre monument à sa mémoire ; mais il suffira, dans sa simplicité éloquente, pour rappeler le nom du savant laborieux et modeste dont la vie n'a pas été sans influence sur les destinées contemporaines.

Ignace et Pierre Chappe succédèrent donc à leur frère Claude, comme administrateurs des lignes télégraphiques, avec communauté de pouvoir et d'attributions. Leur autre frère, Abraham Chappe, était attaché à l'état-major de l'empereur.

En 1804, pendant l'organisation du camp de Boulogne, Abraham Chappe avait été chargé d'une opération difficile : il s'agissait d'établir, non un télégraphe, mais des signaux de feu, qui fussent visibles d'un bord à l'autre de la Manche. Abraham Chappe eut l'idée, pour produire une lumière capable de percer l'épaisseur des brouillards, de faire usage du *gaz tonnant*, avec interposition d'un globule de chaux au sein de la flamme.

Les expériences donnèrent d'excellents résultats sous le rapport de la visibilité des feux. Le volume et l'intensité de la lumière étaient énormes. Au milieu de l'obscurité de la nuit, les feux hydrogénés brûlaient comme une étoile détachée des cieux. Mais le maniement de ce mélange détonant aurait exposé à des dangers terribles. On n'avait pas encore inventé le *chalumeau de Clarke*, qui, maintenant les deux gaz dans des réservoirs séparés, et ne les réunissant qu'au moment de la combustion, atténue beaucoup les dangers de cet appareil. D'ailleurs, la descente en Angleterre n'ayant pas eu lieu, il ne fut point donné suite à ces expériences.

Sous l'Empire, l'administration des lignes télégraphiques était réduite à un faible personnel. Il n'y avait, dans chaque division, qu'un directeur, aux appointements de 4 000 francs, un inspecteur, avec un traitement de 2 000 francs, et un petit nombre de stationnaires payés 1 franc ou 1 franc 25 centimes par jour. À Paris se trouvaient les deux administrateurs, Ignace et René Chappe, aux appointements de 8 000 francs, secondés par une dizaine d'employés seulement[26]. Les frais d'entretien et d'administration, qui varièrent de 150 000 à 300 000 francs, n'étaient pas entièrement fournis par l'État ; la loterie en payait sa bonne part ; elle versait, comme nous l'avons dit, 100 000 francs par an dans les caisses de la télégraphie.

La télégraphie ne servait guère, en effet, sous l'Empire, pendant la paix, ou quand la guerre était portée dans les pays très-éloignés, qu'à expédier aux préfets de chaque chef-lieu, les ordres du ministre de l'intérieur, et à transmettre, chaque semaine, les numéros gagnants de la loterie. L'empereur s'en préoccupait très-peu pour l'usage de ses opérations militaires ; et s'il avait conservé Abraham Chappe dans son état-major, ce n'était qu'en prévision de quelque cas extraordinaire.

Ce cas extraordinaire se présenta, hélas ! Après la retraite de Russie, l'ennemi nous menaçait de toutes parts. Comme en 1793, nos armées devaient suppléer au nombre par la rapidité des marches et l'habileté de la stratégie. Le moment était donc arrivé d'invoquer le secours de la télégraphie. Au mois de mars 1813, l'empereur ordonna de prolonger, d'urgence, la ligne de l'Est jusqu'à Mayence, par un embranchement partant de Metz.

Napoléon déploya, pour pousser l'exécution de cette ligne, toute l'impatiente ardeur qu'il mettait à l'exécution d'un projet une fois bien arrêté dans son esprit. Il ne cessait de presser le ministre de l'intérieur, se plaignant toujours que rien ne marchât assez vite, et montrant le plus grand mécontentement à chaque retard. On mettait tout en œuvre pour lui obéir ; mais on rencontrait précisément les mêmes obstacles contre lesquels la télégraphie avait eu à lutter sous la République. Pour avoir négligé trop longtemps les progrès de la télégraphie, Napoléon trouvait devant lui les mêmes difficultés dont on avait eu à triompher aux premiers temps de cette invention. Ce n'étaient pas cette fois les ouvriers qui manquaient, mais les entrepreneurs. Les fournisseurs, qui manquaient de confiance, voulaient être payés comptant, et les mandats n'étaient soldés qu'avec des retards.

Heureusement toute l'administration des télégraphes comprenait l'importance décisive de cette ligne, et chacun payait de sa personne :

« On vit alors, dit M. Gerspach, dans son excellente *Histoire administrative de la télégraphie aérienne* en France, que nous avons eu tant d'occasions de citer, des directeurs et des inspecteurs, animés d'une ardeur patriotique, avancer de l'argent sur leur propre bourse, et travailler aux constructions comme de simples manœuvres L'administration déployait une activité inconnue jusqu'alors dans ses travaux : tous étaient à l'œuvre, et les machines, fabriquées à Paris, étaient expédiées en poste à leur destination[27]. »

La prompte exécution de cette ligne, longue de 225 kilomètres, fut, en effet, un prodige. On la construisit en deux mois et quelques jours, et elle coûta 105 000 francs. Le 29 mai 1813, les premiers signaux étaient échangés entre Mayence, Metz et Paris.

Son existence, toutefois, fut de courte durée. Bientôt, nos armées refoulées à l'intérieur, battaient en retraite ; et l'ennemi qui s'avançait, détruisait sur son passage, les machines télégraphiques. Les stationnaires défendirent leur poste jusqu'à la dernière extrémité. Toujours à l'arrière-garde, et le fusil à la main, ils faisaient tête à l'ennemi, et plusieurs payèrent cet héroïsme de leur vie ou de leur liberté.

Fig. 16. — Poste télégraphique défendu contre l'ennemi par les
stationnaires, pendant l'invasion de 1814.

Nous n'avons pas besoin de dire que la destruction de cette
ligne, qui précéda de fort peu la chute de l'Empire, porta un
coup funeste à la télégraphie française. Le nombre des stations
fut considérablement réduit, et les traitements des fonctionnaires
furent diminués en proportion.

Pendant les Cent Jours, Carnot avait été appelé au ministère de l'intérieur. Celui qui avait présidé à l'organisation de la télégraphie en France, ne pouvait que lui porter le plus vif intérêt. Dans son court passage au ministère, Carnot prit quelques dispositions, destinées à sauvegarder les établissements télégraphiques, et à couvrir les postes d'une protection efficace.

Carnot se disposait à faire établir un réseau maritime, destiné à relier entre eux les ports de Brest, Cherbourg et Toulon ; mais ce projet s'évanouit avec la rentrée des Bourbons à Paris, en 1815, qui vint clore définitivement la période impériale.

Le gouvernement de la Restauration porta infiniment plus d'intérêt à la télégraphie que ne lui en avait accordé Napoléon. La direction des lignes fut modifiée, d'après les nouvelles frontières assignées à la France par les souverains alliés. Strasbourg et Lyon devinrent les têtes des lignes de l'Est et du Sud-Est.

En janvier 1816, une nouvelle ligne fut établie de Paris à Calais ; car ce dernier port avait acquis une grande importance depuis le rétablissement de nos rapports avec l'Angleterre.

L'idée de mettre Paris en communication avec tous nos ports militaires, fut reprise à cette époque. On proposa de commencer par la ligne de Bordeaux. Mais, en raison de difficultés diverses, on se décida à exécuter d'abord la ligne de Lyon à Toulon.

Cette ligne commença de fonctionner le 14 décembre 1821.

L'année suivante, ce fut le tour de la ligne de Bordeaux, qui passait par Orléans, Poitiers et Angoulême. Elle fut terminée en avril 1823.

En 1828 une nouvelle ligne fut établie d'Avignon à Perpignan, par Nîmes et Montpellier.

Sous la Restauration furent proposés un certain nombre de nouveaux systèmes télégraphiques, dont nous dirons un mot pour compléter cette notice. Ces projets furent d'ailleurs si nombreux que nous ne pourrons citer que ceux que le gouvernement fit examiner.

De ce nombre fut le télégraphe du contre-amiral de Saint-Haouen.

C'était un télégraphe de jour et de nuit, que l'auteur présentait comme supérieur à celui de Chappe, tant pour la rapidité de la transmission des dépêches, que pour l'économie de l'établissement et de l'entretien de l'appareil. Ce système avait déjà été repoussé sous l'Empire, après examen. L'inventeur le présenta de nouveau au gouvernement en 1820, et grâce à la protection de Louis XVIII, il obtint de le faire essayer publiquement. Une petite ligne fut établie, à titre d'essai, de Paris au mont Valérien. Sur le rapport favorable d'une commission, composée d'officiers de marine et d'ingénieurs, le conseil des ministres décida que le système du contre-amiral Saint-Haouen serait essayé en grand, sur une ligne construite à cet effet, de Paris à Orléans.

Cette expérience, qui coûta 80 000 francs à l'Etat, donna un démenti complet aux espérances de l'inventeur. La transmission des signaux était beaucoup plus difficile et plus lente que ceux du système Chappe.

Le *télégraphe de jour et de nuit* du contre-amiral de Saint-Haouen était composé d'un mât qui s'élevait à 30 pieds au-dessus de la maisonnette destinée au logement des stationnaires. Au haut de ce mât était une vergue de 18 pieds de long, placée en croix avec le mât, et à laquelle on avait suspendu trois globes d'osier peints en noir, de 2 mètres de diamètre, et éloignés de 6 pieds l'un de l'autre. Ces globes étaient hissés le long du mât, au moyen de cordes, qui descendaient dans l'intérieur de la maisonnette. Un quatrième globe, placé à 2 pieds au-dessus de la maisonnette, pouvait se déplacer horizontalement, et indiquait les mille ; tandis que les trois premiers globes placés sur trois lignes verticales, représentaient les unités, les dizaines et les centaines. Mais il était difficile de distinguer à distance, les places de ces globes, ce qui ne faisait que très-imparfaitement reconnaître les nombres désignés.

M. de Saint-Haouen voulut alors, au lieu de chiffres, former des signaux, comme dans le système Chappe, en plaçant ses boules d'osier dans des positions diverses. Mais ces figures avaient trop de ressemblance entre elles, pour être facilement reconnues à une grande distance.

Le *télégraphe de nuit* du même inventeur consistait à remplacer les globes par des lanternes.

Tel est le système qui fut établi sur 12 stations, de Paris à Orléans. L'expérience solennelle en fut faite le 17 août 1822, à 10 heures du soir, en présence des commissaires choisis par le gouvernement. Ces commissaires, qui s'étaient placés à la première station, sur la butte Montmartre, adressèrent à Orléans une question très-courte. Ils attendirent vainement la réponse pendant deux heures, et se retirèrent, pour adresser au gouvernement un rapport, qui fit rejeter sans retour cet insuffisant système.

Le *vigigraphe* est une autre invention télégraphique, qui a occupé assez longtemps l'attention publique. Cet instrument que l'on voit représenté ici (fig. 17), d'après le dessin qu'en a donné Ignace Chappe dans son *Histoire de la télégraphie*, se composait d'une échelle AB, placée verticalement, portant deux traverses fixes CD, et une troisième traverse mobile EF, qui pouvait monter et descendre le long de l'échelle. Un disque G, placé de l'autre côté de l'échelle, pouvait également monter et descendre dans toute la longueur de la même échelle.

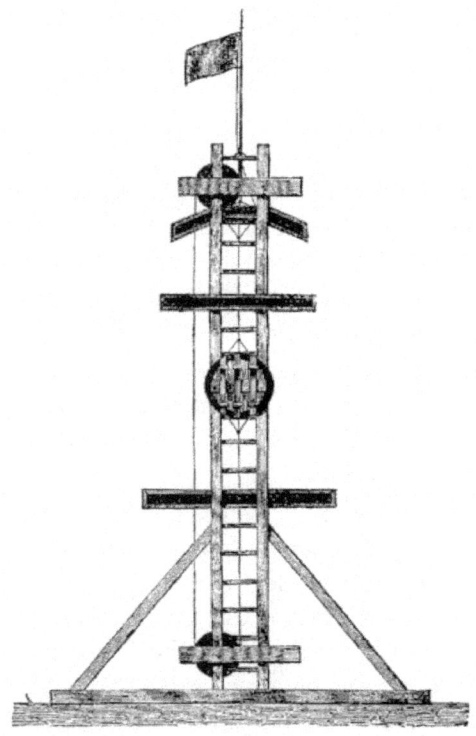

Fig. 17. — Le vigigraphe ou sémaphore.

Les différentes positions du disque mobile et de la traverse brisée, c'est-à-dire le *voyant rond*, et les *voyants brisés*, servaient à indiquer les chiffres. Le *voyant rond* G, placé au-dessus de la traverse CD, indiquait le zéro ; le *voyant brisé* EF, porté à la même place, exprimait l'unité. L'isolement égal des deux voyants marquait 2 et 3. Placés au-dessous de la traverse supérieure, ils indiquaient les chiffres 4 et 5 ; au-dessus de cette traverse, 6 et 7 ; au plus haut de l'espace, 8 et 9. Le *voyant rond* marquait les nombres pairs, et le *voyant brisé* les nombres impairs.

Tout cet appareil resta longtemps dressé sur la tour de l'église Saint-Roch, à Paris ; mais il ne fut soumis à aucune expérience. Le *vigigraphe* était surtout destiné à être placé sur les côtes, pour servir de signaux maritimes. L'appareil transporté à Rochefort, donna de bons résultats. C'est le même système qui, aujourd'hui, simplifié et modifié, constitue les *sémaphores*, placés à l'entrée de tous nos ports.

C'était aussi une espèce de *vigigraphe* qui avait été établi dans une série de postes allant de Paris à Rouen. Le gouvernement avait autorisé la création de cette véritable télégraphie privée, qui servit longtemps à transmettre à Rouen le cours de la Bourse de Paris. Le cours de la Bourse de Paris était affiché tous les jours à celle de Rouen. Cette télégraphie privée fonctionna jusqu'à la loi qui fut portée en 1837, pour interdire aux particuliers toute correspondance télégraphique.

On ne peut parler que pour mémoire, du télégraphe aérien de Bréguet et Bettancourt, dont l'expérience prouva toute l'insuffisance, et dont l'invention, du reste, était bien antérieure à l'époque dont nous parlons.

Bréguet et Bettancourt, dans les premières années de notre siècle, présentèrent au gouvernement et soumirent à différentes expériences, leur système télégraphique, qui différait de celui de Chappe et avait un certain côté d'originalité. Une verge métallique ressemblant au régulateur du télégraphe Chappe, pouvait tourner, de manière à occuper toutes les positions, à l'extrémité d'une longue perche, plantée verticalement. Les divers angles formés par l'aiguille mobile et la perche, servaient de signaux. Un cadran placé à l'extrémité inférieure de la perche, marquait l'angle décrit par la flèche. Quand on voulait faire un signal, on n'avait qu'à placer l'index du cadran sur la division correspondante à cet angle, en tirant la corde au moyen de manivelles qui étaient placées sur la circonférence d'une large poulie.

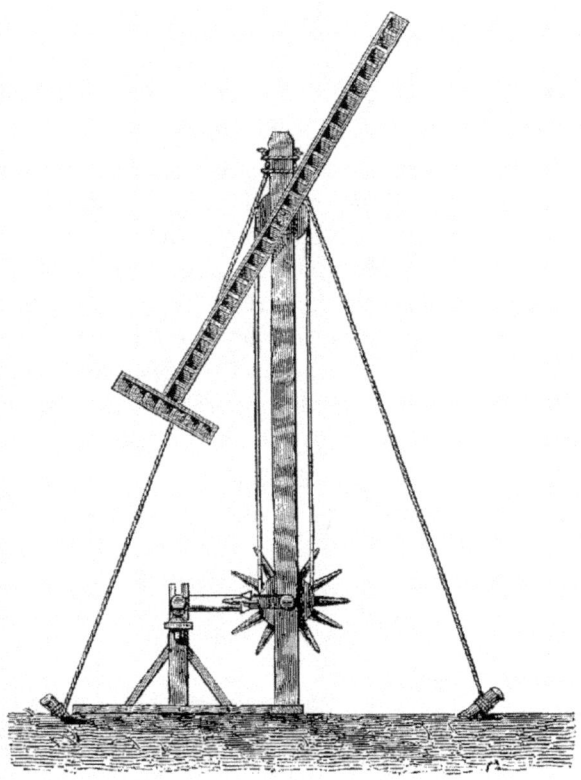

Fig. 18. — Télégraphe aérien de Bréguet et Bettancourt.

Ce système était évidemment d'une grande simplicité. Malheureusement, il était difficile d'évaluer exactement de loin, au moyen de la lunette d'approche, les angles ainsi formés ; Bréguet et Bettancourt, mécaniciens habiles, avaient imaginé des dispositions très-ingénieuses pour apprécier exactement cet angle. Une expérience faite à 1 kilomètre de distance, avec un de leurs appareils, par des commissaires nommés par le gouvernement, donna de bons résultats. Mais l'application d'un instrument de précision, tel que le *micromètre* à la télégraphie, ne pouvait être sérieusement tentée. Malgré l'approbation que reçut cet appareil de plusieurs sociétés savantes, il ne put jamais se faire adopter par le gouvernement.

Nous passerons sous silence d'autres systèmes télégraphiques, tels que celui de Villalongue, qu'approuvait Arago, et celui de Gonon, qui fut essayé sur la butte Montmartre. Tous ces appareils étaient de beaucoup inférieurs à celui de Chappe.

Un perfectionnement avantageux fut néanmoins apporté au système de Chappe. Déjà sous l'Empire, l'inspecteur Durand avait proposé de rendre le régulateur immobile, et de placer au-dessous un régulateur plus petit et mobile, c'est-à-dire pouvant tourner autour d'un centre. Les frères Chappe avaient repoussé cette innovation, désireux de conserver à leur machine sa forme primitive. Cette idée fut reprise et transportée dans la pratique par l'administrateur que la révolution de 1848 avait mis à la tête du service télégraphique, par M. Ferdinand Flocon.

Ce système, que l'on a appelé à tort le *système Flocon*, avait l'avantage d'offrir moins de prise au vent, de faciliter le jeu des manivelles, et de rendre d'un tiers plus rapide le passage des signaux. Il fut établi sur la ligne de Calais à Boulogne, et sur une partie de la ligne du Midi. Il se serait probablement généralisé partout, si, à cette époque, les jours de la télégraphie aérienne n'avaient été déjà comptés.

Nous voici arrivés à l'année 1830, époque critique pour la télégraphie.

Le gouvernement provisoire de juillet 1830, afin de diriger et de surveiller le mouvement politique, en ce moment de crise, s'était empressé de mettre la main sur les télégraphes. Sur la demande de Bérard, membre du gouvernement provisoire, un député nommé Marchal, fut nommé *commissaire du gouvernement près les télégraphes.*

Le commissaire du gouvernement de juillet intima au directeur l'ordre de lui livrer le vocabulaire.

Les frères Chappe régnaient en maîtres, depuis vingt ans, dans cette administration, qu'ils regardaient, avec raison, comme leur patrimoine, comme un privilège attaché à leur nom, comme une récompense des services rendus par leur famille. Cette autorité despotique et sans contrôle, qu'ils exerçaient sur toute l'administration, et qui mettait à leur merci la situation des fonctionnaires et des agents, à tous les degrés de l'échelle des emplois, était peut-être nécessaire pour un service dont la régularité eût été compromise par la désobéissance ou l'infidélité d'un seul agent. Les Chappe avaient donc seuls l'intelligence du vocabulaire, et ils n'en rendaient compte qu'au roi. Ils ne relevaient que d'eux-mêmes, pour les nominations des employés. Toutes ces habitudes, peu conformes sans doute aux principes de l'administration actuelle, étaient dans l'esprit du temps, comme dans celui d'une institution, qui avait pour base le secret le plus rigoureux. Mais le gouvernement de 1830 ne s'accommoda pas d'un tel système. Il voulut briser les résistances des administrateurs qui régnaient en souverains irresponsables dans le domaine de la télégraphie.

Comme il fallait que quelqu'un cédât, les frères Chappe donnèrent leur démission.

Par une ordonnance royale du mois d'octobre 1830, M. Marchal fut nommé administrateur provisoire des télégraphes. La même ordonnance mettait à la retraite Réné Chappe[28].

Réné Chappe avait été mis à la retraite pour ses démêlés avec le gouvernement provisoire. Ignace fut également mis à la retraite, tout simplement parce qu'on avait besoin de sa place. Il avait pourtant prêté serment au gouvernement provisoire, « comme j'en avais prêté dix autres ! » ajoute-t-il, dans une brochure publiée au Mans, où il s'était retiré.

Hâtons-nous de dire que le gouvernement de juillet se montra assez mal inspiré dans cette affaire. Le nom des inventeurs de la télégraphie est une des gloires de la France ; leur découverte avait excité l'envie et l'admiration de l'Europe ; leur fortune s'était épuisée dans de longues et dispendieuses études ; ils avaient donné à l'administration quarante années de leur vie : ils avaient donc bien acquis le droit de mourir à leur poste.

L'année 1830 marque un temps d'arrêt dans l'histoire de la télégraphie aérienne. Nous en profiterons pour donner la description détaillée, que nous n'avons pu présenter encore, de l'appareil télégraphique de Chappe. Nous jetterons ensuite un coup d'œil rapide sur l'adoption qui fut faite en divers pays de l'Europe, de ce même système télégraphique, pendant l'époque que nous venons de considérer.

CHAPITRE XI

PRINCIPES DU TÉLÉGRAPHE AÉRIEN. — MÉCANISME POUR LA FORMATION DES SIGNAUX. — SIGNIFICATION DES SIGNAUX. — LE VOCABULAIRE. — INCONVÉNIENTS DE LA TÉLÉGRAPHIE AÉRIENNE. — LA TÉLÉGRAPHIE DE NUIT.

Bien qu'il soit aujourd'hui tombé en désuétude, il nous paraît utile de faire connaître avec précision un système de correspondance qui, pendant cinquante ans, a joué en France un rôle considérable. Nous allons donc décrire le mécanisme du télégraphe aérien, et exposer les principes sur lesquels repose le vocabulaire qui s'y rapporte.

Le télégraphe proprement dit, ou la partie de la machine qui forme les signaux (fig. 19), se compose de trois branches mobiles : une branche principale AB, de 4 mètres de long, appelée *régulateur*, et deux petites branches longues de 1 mètre, AC, BD, appelées *indicateurs*, ou *ailes*. Deux contre-poids en fer *p*, *p'* attachés à une tige de même métal, font équilibre au poids des ailes, et permettent de la déplacer avec très-peu d'effort. Ces tiges sont assez minces pour n'être pas visibles à distance. Le régulateur est fixé par son milieu à un mât ou à une échelle, qui s'élève au-dessus du toit de la maisonnette dans laquelle se trouve placé le stationnaire.

Les branches mobiles sont découpées en forme de persiennes, c'est-à-dire composées d'un cadre étroit, dont l'intervalle est rempli par des lames minces, inclinées les unes au-dessus des autres. Cette disposition a l'avantage de donner aux pièces une grande légèreté ; elle leur permet aussi de résister aux vents et de combattre les mauvais effets de la lumière. Les branches mobiles sont peintes en noir, afin qu'elles se détachent avec plus de vigueur sur le fond du ciel. L'assemblage de ces trois pièces forme un système unique, élevé dans l'espace, et soutenu par un seul point d'appui : l'extrémité du mât, autour duquel il peut librement tourner.

Les pièces du télégraphe se meuvent à l'aide de cordes de laiton. Ces cordes communiquent, dans la maisonnette, avec un petit appareil, qui est la reproduction en raccourci du télégraphe extérieur. C'est ce second appareil que l'employé manœuvre ; le télégraphe placé au-dessus du toit ne fait que répéter les mouvements imprimés à la machine intérieure.

Le mécanisme qui permet de manœuvrer les branches du télégraphe, se réduit à une large poulie à gorge, sur laquelle est attachée et fortement tendue, une corde de laiton, qui vient s'enrouler sur une autre poulie fixée à l'axe du télégraphe. Quand le levier *ab* du régulateur du petit appareil placé dans la maisonnette, est abaissé par le stationnaire, la corde de laiton qui tourne autour de ce levier, est tirée, et le bras du régulateur AB du télégraphe mis en action, reproduit le même mouvement. Quand les leviers *ac* ou *bd* du petit appareil de la maisonnette, sont, de la même manière, mis en action, les cordes qui vont de ces petits leviers *ac*, *bd*, aux ailes AC, BD, du télégraphe extérieur, étant tirées, font prendre aux ailes de ce télégraphe la même position.

Tout s'accomplit donc par un jeu de cordes et de poulies, et le stationnaire, sans sortir de sa maisonnette, sans regarder par-dessus sa tête, ce qui lui serait difficile, peut exécuter, à coup sûr, les signaux qu'il doit faire. Le télégraphe placé au-dessus du toit reproduit exactement, comme nous l'avons déjà dit, les signaux de l'appareil intérieur.

Le régulateur AB est susceptible de prendre quatre positions : verticale — horizontale — oblique de droite à gauche — oblique de gauche à droite. Les ailes AC, BD, peuvent former avec le régulateur des angles droits, aigus ou obtus. Ces signaux sont clairs, faciles à apercevoir, faciles à écrire, il est impossible de les confondre.

Voici maintenant les conventions et les principes qui règlent la formation des signaux.

Les frères Chappe ont décidé qu'aucun signal ne serait formé sur le régulateur placé dans la situation horizontale ni perpendiculaire ; les signaux ne sont valables que quand ils sont formés sur le régulateur placé obliquement. Ils ont encore décidé qu'aucun signal n'aurait de valeur, et ne devrait par conséquent être écrit et répété, que lorsque, étant formé sur l'une des deux obliques, il serait transporté, tout formé, soit à l'horizontale, soit à la verticale. Ainsi le stationnaire qui voit former le signal, le remarque pour se préparer à le répéter, mais il ne l'écrit point ; aussitôt qu'il le voit porter à l'horizontale ou à la verticale, il est certain que le signal est bon, alors il le répète et le note. On appelle cette manœuvre *assurer* un signal. Cette manière d'opérer a pour but de bien marquer au stationnaire quel est, au milieu de tous les mouvements successifs des pièces du télégraphe, le signal définitif auquel il doit s'arrêter, pour le reproduire à son tour.

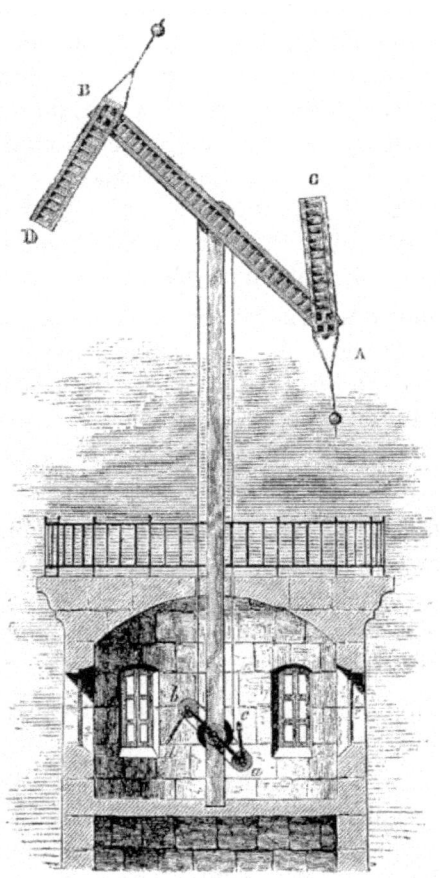

Fig. 19. — Télégraphe de Chappe.

Les diverses positions que peuvent prendre le régulateur et les ailes donnent 49 signaux différents ; mais chaque signal peut prendre une valeur double, selon qu'il est transporté à l'horizontale ou à la verticale : ainsi 49 signaux peuvent recevoir 98 significations, en partant de l'oblique de droite, pour être affichés horizontalement ou verticalement ; de même pour l'oblique de gauche, ce qui donne en tout 196 signaux.

Les frères Chappe ont arrêté que la moitié de ces 196 signaux serait consacrée au service des dépêches, et l'autre moitié à la police de la ligne, c'est-à-dire aux avis et indications à donner aux stationnaires. Les 98 signaux formés sur l'oblique de droite servent donc à la composition des dépêches, les 98 signaux formés sur l'oblique de gauche, ou seulement une partie de ces signaux, sont destinés aux avertissements à donner aux employés.

Fig. 20. — Poste de télégraphie aérienne.

Maintenant, comment ces différents signaux peuvent-ils transmettre l'expression de la pensée ? Les frères Chappe ont consacré 92 des signaux de l'oblique de droite à représenter la série de 92 nombres, depuis 1 jusqu'à 92 ; ensuite ils ont composé un vocabulaire de 92 pages, dont chaque page contient 92 mots. Le premier signal donné par le télégraphe indique la page du vocabulaire, et le second signal indique le numéro porté dans cette page répondant au mot de la dépêche. On peut ainsi, par deux signaux, exprimer 8 464 mots. C'est là le *vocabulaire des mots*.

Cependant 8 464 mots seraient insuffisants pour traduire toutes les pensées et pour répondre aux cas imprévus ; d'un autre côté, il est des idées qui doivent revenir fréquemment dans le cours de la correspondance. On a donc composé un second vocabulaire que l'on nomme *vocabulaire des phrases*. Il est formé, comme le précédent, de 92 pages, contenant chacune 92 phrases ou membres de phrases, ce qui donne 8 464 idées. Ces phrases s'appliquent particulièrement à la marine et à l'armée. Il est bien entendu que pour se servir de ce vocabulaire, le télégraphe doit donner trois signaux : le premier pour indiquer qu'il s'agit du vocabulaire phrasique ; le second, pour indiquer la page du vocabulaire, et le troisième, pour le numéro de cette page.

On a créé enfin, sur les mêmes principes, un autre vocabulaire, nommé *géographique*, qui porte la désignation des lieux.

Après l'année 1830, on refondit en un seul les trois vocabulaires de Chappe, que l'on étendit beaucoup. Les phrases et les mots furent disposés dans un ordre plus simple, qui facilitait considérablement la composition et la traduction des dépêches. Ajoutons que, pour dérouter les observations indiscrètes, l'administration avait soin de changer fréquemment la clef du vocabulaire.

Quant aux signaux destinés simplement à la police de la ligne, on comprend que l'emploi de tout vocabulaire était superflu. Les signaux formés sur l'oblique de gauche, affectés spécialement à cette destination, étaient connus de tous les employés. Ils exprimaient les avis transmis par l'administration : l'urgence, le but, la destination de la dépêche, les congés d'une heure, d'une demi-heure, l'erreur commise sur un signal, l'absence d'un employé ; en un mot, tous les cas qui peuvent être prévus, depuis l'absence ou le retard d'un stationnaire, jusqu'à la destruction d'un télégraphe par le vent ou la foudre. Ces sortes d'avis parcouraient la ligne avec la rapidité de l'éclair, et l'administration était instruite en un clin d'œil de la nature de l'obstacle rencontré par la dépêche et du lieu précis où elle s'était arrêtée.

La vitesse de transmission des dépêches variait suivant la distance. On recevait à Paris les nouvelles de Calais (68 lieues) en trois minutes, par trente-trois télégraphes ; celles de Lille (60 lieues) en deux minutes, par vingt-deux télégraphes ; celles de Strasbourg (120 lieues) en six minutes et demie, par quarante-quatre télégraphes ; celles de Brest (150 lieues) en huit minutes, par cinquante-quatre télégraphes ; celles de Toulon (267 lieues) en vingt minutes, par cent télégraphes.

Nous compléterons les indications qui précèdent sur un service qui a toujours été très-peu connu, en rapportant quelques pages de l'*Histoire administrative de la télégraphie aérienne en France*, par M. E. Gerspach, ouvrage que nous avons eu déjà tant d'occasions de citer.

« Il eût été difficile, dit l'auteur, de se faire entendre des stationnaires, gens pour la plupart illettrés, avec les mots *plans, angles, degrés,* pour désigner les signaux ; l'inspecteur Durant eut l'idée très-heureuse de donner aux signaux des noms faciles, en rapport avec les positions. Les angles de 45, 90, 135 degrés de l'indicateur furent désignés par les nombres cinq, dix, quinze, suivis des mots *ciel* ou *terre* selon que la position était dans le plan supérieur ou inférieur ; la septième position (l'indicateur replié) fut appelée zéro ; les deux indicateurs au zéro déterminaient le *fermé.* Quant à la position du régulateur, on l'indiquait par le mot *perpen,* lorsqu'elle était verticale. Les signaux s'énonçaient en commençant toujours par l'indicateur placé à la partie supérieure pendant la formation du signal. Voici quelques exemples de ce langage : dix ciel quinze terre, — cinq ciel quinze terre perpen, — quinze terre zéro. L'application de la méthode Durant facilita d'une manière étonnante le travail de la transmission, elle était simple et à la portée de tous.

Le service des lignes était admirablement organisé : le passage des signaux, l'indication de la nature des dépêches, la transmission des avis d'interruptions et de dérangements, les incidents, tout était réglé de manière à ne laisser aucun doute dans l'esprit des stationnaires, et à faire connaître immédiatement aux postes de direction la cause et le lieu des arrêts de transmission. Nous ne pouvons entrer ici dans tous les détails de cette organisation ; nous en citerons seulement quelques points.

Dès que l'employé apercevait un signal à l'une des stations correspondantes, il mettait son régulateur en mouvement, lui faisait prendre la position oblique, composait le signal et le portait, tout composé, sur l'horizontale ou la verticale, ce qui s'appelait *assurer* le signal ; il ne changeait le *porté* que lorsque le signal était reproduit par le poste suivant. Le passage d'un signal exigeait les opérations suivantes : observer le signal formé par le correspondant, le former à l'oblique, observer s'il est porté sur l'horizontale ou la verticale, le porter de même, l'écrire sur un procès-verbal, et enfin vérifier s'il est exactement reproduit par le poste suivant.

Chaque dépêche était précédée d'un signal particulier, qui était la *grande urgence* ou la *grande activité*, quand la dépêche s'éloignait de Paris, et la *petite urgence* ou la *petite activité*, quand la dépêche marchait sur Paris. La dépêche précédée de la *petite urgence* l'emportait sur celle qui était précédée de la *grande activité*, mais devait céder le pas devant la *grande urgence*. Ainsi, lorsque deux dépêches se croisaient en un point de la ligne, le signal précédant ces dépêches faisait connaître au stationnaire s'il devait abandonner sa transmission pour prendre celle qui lui arrivait en sens opposé. Si, par exemple, il transmettait une dépêche précédée de la *petite urgence*, et s'il voyait arriver la *grande urgence*, il abandonnait son signal, et la dépêche précédée de la *grande urgence passait*. Après sa transmission, chaque stationnaire reprenait le signal qu'il avait abandonné, et la transmission de la première dépêche continuait.

Il arrivait souvent que la dépêche, étant arrêtée par le brouillard entre deux postes, celui qui cessait de voir son correspondant arborait un signal particulier, *brumaire*, qu'il transmettait du côté opposé, en le faisant suivre d'un autre signal particulier, *indicatif*, faisant connaître le poste qui n'était pas aperçu. Chaque employé abandonnait alors le signal de la dépêche pour prendre le signal du *brumaire*, jusqu'au moment où, le brouillard se dissipant, le poste qui avait arrêté la transmission la reprenait en relevant le *brumaire*. Afin de tenir les employés en haleine pendant la durée d'un brumaire, et pour qu'ils fussent toujours présents à leurs postes et prêts a recommencer la transmission, les employés des postes extrêmes avaient ordre, de temps en temps (toutes les quatre ou cinq minutes), de *rattaquer*, ce qui consistait à reprendre le dernier signal transmis ; chaque employé devait à son tour développer le signal auquel il s'était arrêté : quand ce *rattaqué* arrivait au dernier poste, le stationnaire transmettait de nouveau le brumaire, qui faisait connaître que la cause de l'interruption subsistait toujours.

Lorsqu'un employé ne prenait pas le signal qui lui était présenté par son correspondant, celui-ci transmettait le signal *absence*, suivi de l'*indicatif* du poste. Ces absences étaient constatées sur les procès-verbaux et punies sévèrement.

Il existait d'autres signaux réglementaires, tels que le *petit dérangement*, qui indiquait un dérangement facilement réparable par le stationnaire lui-même, la rupture d'une corde, par exemple ; le*grand dérangement*, qui nécessitait la présence de l'inspecteur (ces signaux étaient toujours suivis de l'*indicatif* du poste où avait lieu le dérangement) ; l'*erreur* qui annulait le signal précédent, et l'*attente*, qui indiquait aux employés qu'ils devaient se tenir prêts à prendre une transmission.

La transmission n'était pas continue sur les lignes ; sur quelques-unes on passait à peine deux ou trois dépêches par jour. Afin de ne pas forcer les employés à regarder constamment à leurs lunettes, on avait des signaux particuliers représentant des congés d'un quart d'heure, d'une demi-heure, d'une heure, etc. Lorsque le congé était donné, l'employé fermait son télégraphe (fermé vertical), et pouvait s'absenter. À l'expiration du congé, les deux postes extrêmes le relevaient en transmettant la grande et la petite activité, ils s'assuraient que la ligne était en bon état, et donnaient un nouveau congé, s'il n'y avait aucune dépêche à transmettre.

Pour exercer les employés sur les lignes peu occupées, on transmettait des dépêches d'exercice. Ces dépêches, toujours précédées de la grande ou petite *activité*, devaient céder le pas devant les dépêches officielles de la *grande* ou de la *petite* urgence[29]. »

Cinquante ans de service ont suffisamment montré les avantages de la télégraphie aérienne ; cependant cette télégraphie avait de nombreuses imperfections, et il nous reste à les signaler.

Les signaux se transmettent à travers l'atmosphère ; par conséquent ils sont soumis à tous les accidents, à toutes les vicissitudes atmosphériques. Les brouillards, les pluies abondantes, la fumée, le mirage, les brumes du matin et du soir, paralysent le jeu du télégraphe aérien. Claude Chappe avait constaté que, de son temps, le télégraphe ne pouvait fonctionner que six heures par jour, terme moyen. Souvent, pendant l'hiver, on ne pouvait travailler plus de trois heures par jour. Aussi, dans les moments où les dépêches à expédier étaient nombreuses, la moitié de ces dépêches seulement arrivait à destination le jour de leur date. La seconde moitié ne pouvait faire qu'une partie du trajet par le télégraphe ; il fallait en prévenir Paris, qui se décidait à l'expédier par la poste.

Bien que l'on admît, en principe, que le télégraphe pût former trois signaux par minute, en pratique on ne pouvait compter que sur l'arrivée d'un signal, par minute.

Le trouble que les variations de l'atmosphère apportaient au passage des signaux, était donc la difficulté fondamentale de ce système. Qui ne se souvient d'avoir vu, dans les journaux, sous Louis-Philippe, le texte des dépêches télégraphiques terminé par cette formule sacramentelle : « *Interrompu par le brouillard.* »

Outre le vice fondamental provenant des variations de l'atmosphère, il y avait, dans la télégraphie aérienne, un vice plus sérieux encore. On devine qu'il s'agit de l'absence des signaux pendant la nuit. Le repos forcé du télégraphe pendant toutes les nuits, laissait dans le service une lacune funeste, puisqu'il diminuait de moitié le temps de la correspondance. Pendant seize heures sur vingt-quatre en hiver, le télégraphe aérien était condamné à l'immobilité. En mai et septembre, il ne pouvait fonctionner que douze heures, et durant les jours les plus longs de l'été, il devait encore se reposer huit heures. Aussi toutes les dépêches que l'on apportait après le coucher du soleil, étaient-elles forcément renvoyées au lendemain. Alors, nulle puissance humaine ne pouvait arracher le télégraphe à son fatal repos. Aux premières ombres du soir, il avait replié ses ailes ; comme un serviteur paresseux, il dormait jusqu'au lever de la prochaine aurore. Et pourtant de quelle importance n'aurait pas été, en tant d'occasions de notre histoire, l'existence d'une télégraphie nocturne ! L'émeute ou la bataille sont suspendues aux approches de la nuit ; dans ces heures de silence et de trêve, l'autorité publique a le temps d'organiser ses mesures. Les masses dorment, les chefs doivent veiller ; par leurs soins, sous l'ombre protectrice de la nuit, les ordres s'élancent dans toutes les directions avec la rapidité de la pensée, et le lendemain, quand le soleil monte sur l'horizon, la défense est prête ou l'attaque concertée.

Les données fournies par la science montrent, sous un autre aspect, les avantages de la télégraphie nocturne. La météorologie nous apprend que les nuits limpides sont plus fréquentes que les jours sereins. Presque tous les phénomènes atmosphériques qui, dans le jour, contrarient la transmission des signaux, perdent leur influence pendant la nuit. Jusqu'au lever du soleil, les fleuves, les bois, les marais, cessent de fournir des vapeurs. Le mirage est nul, les brouillards tombent avec le crépuscule. La nuit abaisse les vapeurs que le soleil avait élevées ; la nuit, les villes, les villages, les usines, ne répandent plus de fumée. Le refroidissement du soir précipite, il est vrai, l'eau répandue en vapeur dans l'atmosphère, et la résout en un brouillard léger ; mais ce phénomène ne se passe qu'à quelques pieds du sol, et n'atteint jamais la hauteur des régions télégraphiques. Il faut remarquer de plus que presque toujours des nuits sereines succèdent à des jours pluvieux, et réciproquement. En supposant donc la télégraphie nocturne établie conjointement avec la télégraphie de jour, il serait difficile que l'intervalle de vingt-quatre heures s'écoulât sans laisser quelques moments favorables au passage des signaux.

Ces considérations ont été si bien appréciées par toutes les personnes qui avaient la main à l'administration des télégraphes, que pendant trente ans on a fait de continuels efforts pour arriver à créer la télégraphie nocturne. Les frères Chappe n'avaient jamais perdu de vue cet objet capital. Leur premier appareil présenté en 1793 à la Convention nationale, était pourvu de lanternes, qui en faisaient un véritable télégraphe nocturne.

Il résulte des recherches assidues auxquelles les frères Chappe continuèrent de se livrer ultérieurement, que le problème de la télégraphie nocturne ne peut se résoudre que par ce moyen : éclairer pendant la nuit, les branches du télégraphe ordinaire. Malheureusement les essais pour cet éclairage ont presque tous échoué, et il est aisé de le comprendre, car les conditions à remplir sont aussi nombreuses que difficiles. Il faut que le combustible employé donne une lumière assez intense pour que la distance des postes télégraphiques ne lui fasse rien perdre de son éclat (cette distance est en moyenne de trois lieues) ; il faut que, sans entretien et sans réparation, cet éclat reste invariable pendant toute la durée des nuits ; il faut que la flamme résiste à l'impétuosité des vents et des courants atmosphériques qui balayent les hauteurs ; il faut enfin qu'elle suive sans vaciller les branches du télégraphe mises en mouvement par les manœuvres.

La plupart des combustibles essayés ont présenté chacun des inconvénients particuliers. Les graisses, les résines, la bougie, donnent peu de lumière et une fumée abondante qui masque et offusque les branches du télégraphe. Le gaz de l'éclairage donnerait une lumière d'une intensité convenable, mais il serait impossible de le distribuer à tous les postes télégraphiques. L'huile ne soutient pas la flamme dans les mouvements de l'appareil : la lumière vacille alors et disparaît par intervalles. Comme nous l'ayons dit plus haut, le gaz détonant, ç'est-à-dire le mélange explosif des gaz hydrogène et oxygène, fut essayé à l'époque où Napoléon armait le camp de Boulogne et préparait sa descente en Angleterre ; mais les expériences n'eurent pas de suite, en raison de l'abandon du projet d'expédition.

Plus tard le docteur Jules Guyot montra que l'*hydrogène liquide*, mélange combustible particulier, brûlé dans des lampes de son invention, aurait suffi à toutes les exigences de la télégraphie nocturne. Cependant la pose de ces lampes aurait été, par les mauvais temps, très-difficile ou même impossible, et le projet de M. Guyot fut abandonné.

Le problème de la télégraphie nocturne est loin cependant d'être insoluble. Il a été résolu en Russie, puisque la ligne télégraphique de Varsovie à Cronstadt, établie par M. Chatau, dont nous aurons à parler plus loin, fonctionne de nuit aussi bien que de jour[30].

Toutefois, il faut le dire, les essais de télégraphie nocturne auraient été poursuivis avec plus de persévérance par les inventeurs, accueillis avec plus de faveur par le gouvernement et les chambres, si des circonstances nouvelles n'étaient venues apporter dans la question un élément d'une irrésistible influence. Pendant que la télégraphie aérienne cherchait péniblement à accomplir de nouveaux progrès, la télégraphie électrique avançait à pas de géant dans la carrière.

À partir de ce moment l'intérêt se détourna des progrès et des perfectionnements de la télégraphie aérienne, de plus en plus menacée par sa puissante rivale.

CHAPITRE XII

LA TÉLÉGRAPHIE AÉRIENNE EU SUÈDE, EN ANGLETERRE, EN ITALIE, EN ESPAGNE ET EN RUSSIE.

L'adoption du télégraphe de Chappe par le gouvernement français, avait produit en Europe une sensation très-vive ; tous les peuples étrangers s'empressèrent de l'essayer ou de l'imiter. Notre système télégraphique fut établi avec le plus grand succès en Italie et en Espagne.

Dans les pays septentrionaux, les brumes particulières à ces climats, rendent difficilement visibles les signaux allongés. On préféra se servir de volets mobiles, dont les combinaisons sont assez variées pour offrir une multitude de signaux. On a vu d'ailleurs que Chappe avait, pendant quelque temps, employé cette disposition. En Angleterre et en Suède, les télégraphes aériens sont construits d'après ce système.

Le télégraphe suédois (*fig.* 21), qui fut construit par M. Endelerantz, se composait d'un grand cadre offrant des volets placés à égale distance, et disposés sur trois rangées verticales. Chacun de ces volets était fixé à un axe mobile, et pouvait prendre une position horizontale ou verticale. En s'ouvrant ou se fermant de cette manière, ils formaient 1, 024 signaux, qui suffisaient aux besoins de la correspondance.

Ignace Chappe, dans son *Histoire de la télégraphie*, décrit, en ces termes, le télégraphe suédois :

« Le télégraphe adopté par M. Endelerantz est une machine à trappes, composée d'un cadre, dont l'intérieur est rempli par dix volets placés à égale distance l'un de l'autre, et sur trois rangées verticales, dont celle du milieu en contient quatre ; ces volets sont fixés chacun sur un axe qui tourne dans des trous pratiqués aux côtés du cadre ; ils prennent une position verticale ou horizontale, d'après les mouvements qu'ils reçoivent par ces axes, et, en s'ouvrant ou se fermant ainsi, ils produisent mille vingt-quatre signaux. M. Endelerantz eût pu leur faire exprimer tous les nombres possibles ; mais il craignit d'émettre dans ses signaux trop d'incertitude, parce qu'il ne fallait pas seulement, en notant les signaux, observer quel volet était visible, mais encore dans quel ordre il l'était devenu.

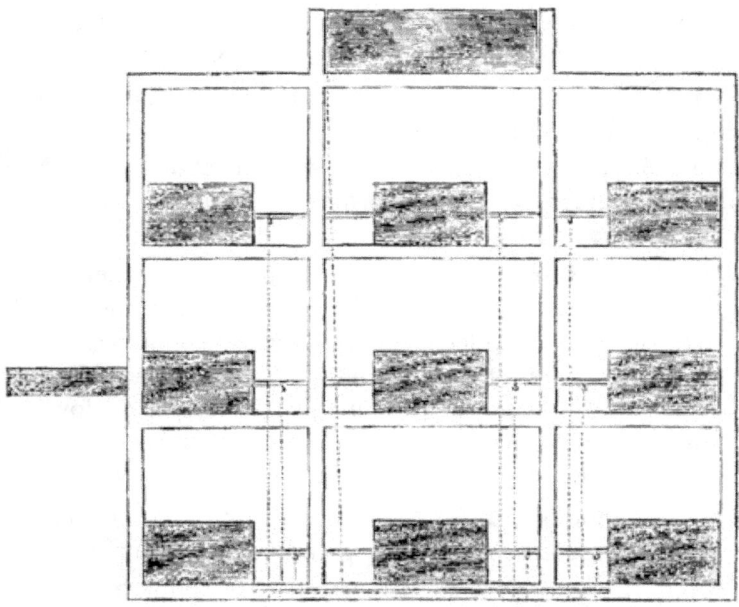

Fig. 21. — Télégraphe aérien employé en Suède.

M. Endelerantz apporta beaucoup de soin dans l'exécution de sa machine, pour en rendre les mouvements faciles et sûrs, et prendre des mesures pour lever une partie des obstacles que la pratique de l'art télégraphique fait apercevoir ; mais il ne s'éleva pas au-dessus du système alphabétique.

Il observa qu'il était avantageux de mettre entre ses volets un intervalle plus grand que leur diamètre, pour empêcher qu'ils ne fussent confondus ensemble ; que la tendance à la confusion est plus grande dans la direction horizontale que dans la verticale, et qu'il faut conséquemment éloigner les volets encore davantage.

Pour rendre son télégraphe de jour utile pendant la nuit, M. Endelerantz employa une lanterne de fer-blanc qui n'avait, pour laisser passer la lumière, que deux ouvertures rondes placées aux deux côtés correspondants, et couvertes avec du mica très-transparent : deux quarts de cercle en fer-blanc, adaptés aux deux côtés de la lanterne, tiennent à l'axe, de manière à être élevés sur les trous de la lanterne, et à retomber par leur propre poids, suivant qu'on veut montrer ou cacher les feux : il fixa ces lanternes à la place des volets, sur le cadre vertical, dans le même ordre entre elles que les volets ; les fils qui partent de chacune d'elles se réunissent au pied de la machine, comme pour le télégraphe de jour ; et il assure que ces lanternes ont été employées avec avantage et sûreté à la distance de trois milles suédois, les flammes étant d'un pouce, leur distance entre elles de sept pieds, et les télescopes grossissant soixante fois[31]. »

Les premiers essais du télégraphe suédois furent faits entre Drottningholm et Stockholm, le 30 octobre 1794.

En 1796, on disposa trois télégraphes pour servir à la correspondance des deux bords d'Aland, à la distance de huit lieues.

Le télégraphe suédois était à peine établi, que le gouvernement anglais en adopta un, à peu près semblable. Il fut élevé, à Londres, en 1796, sur l'hôtel de l'Amirauté. C'était une sorte de grille occupée par six volets très-rapprochés. La figure 22 représente ce télégraphe d'après le dessin qu'en a donné Ignace Chappe, dans son *Histoire de la télégraphie*.

Ce système est vicieux, parce qu'il expose trop aisément à confondre les signaux placés à côté ou au-dessus les uns des autres. Cette difficulté pratique, jointe à l'existence habituelle des brouillards sous le climat défavorable de l'Angleterre, empêcha de retirer du télégraphe aérien tous les avantages qu'il procurait dans les pays méridionaux.

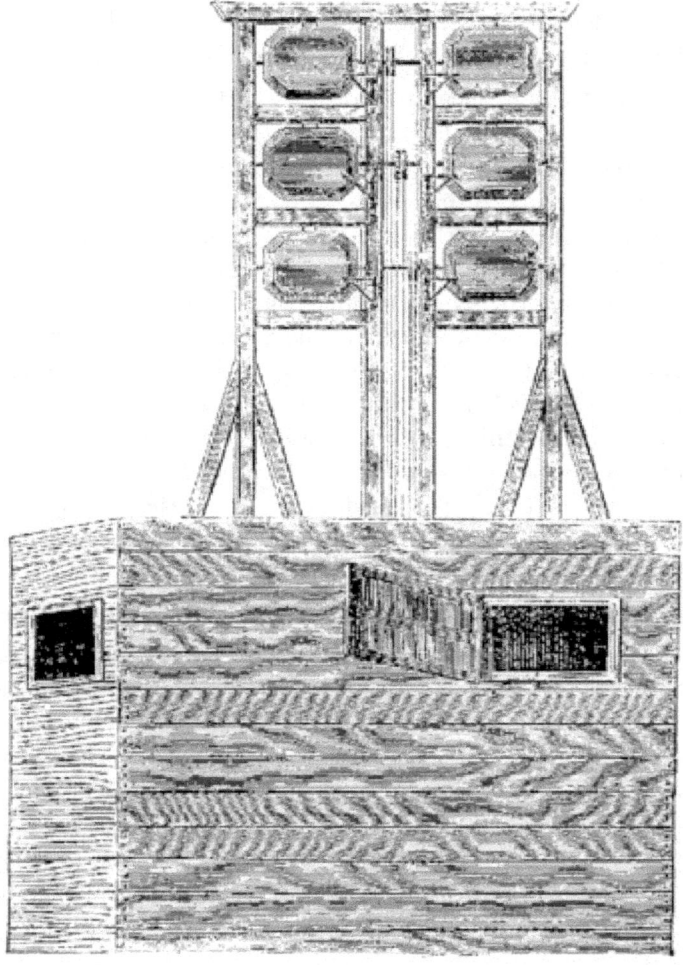

Fig. 22. — Télégraphe aérien employé en Angleterre.

On a prétendu que le premier télégraphe établi à Londres en 1796, ne pouvait servir que vingt-cinq jours au plus dans l'année. Diverses modifications furent apportées à cet appareil depuis cette époque, mais sans l'amener à un degré suffisant de valeur. C'est précisément en raison des insuccès répétés de la télégraphie aérienne, que la télégraphie électrique devait, plus tard, prendre en

Louis Figuier

Angleterre un essor très-rapide.

La découverte française se répandit plus lentement en Allemagne. Bergstrasser, qui n'abandonnait pas aisément la partie, dépeça, mutila le télégraphe français, et en fit une machine informe, qui ne put jamais être employée. Il allait chercher toutes les raisons du monde pour donner le change à ses compatriotes sur le mérite de l'invention française. Et parfois il rencontrait de singuliers arguments :

« Au reste, dit-il dans un ouvrage dédié à l'empereur François II, je pense que les Français n'emploient pas leur télégraphe à un autre but qu'à un but politique : on s'en sert pour amuser les Parisiens, qui, les yeux sans cesse fixés sur la machine, disent : Il va, il ne va pas. On profite de cette occasion pour détourner l'attention de l'Europe, et en venir insensiblement à ses fins. »

Cependant on ne tint pas compte d'aussi bonnes raisons, et le télégraphe de Chappe fut adopté dans les États Allemands.

Le télégraphe aérien fut sur le point de s'installer en Turquie. L'ambassadeur ottoman fit demander pour son souverain, un modèle de télégraphe au gouvernement français. Les appareils furent envoyés ; mais personne, à Constantinople, ne put réussir à les faire fonctionner.

La découverte de Chappe trouva en Egypte un plus sérieux accueil. Méhémet-Ali, désireux de doter son pays de cette nouvelle conquête de la civilisation européenne, chargea un ingénieur, M. Abro, d'établir une ligne télégraphique du Caire à Alexandrie. On fit venir de France les modèles, les lunettes d'approche et tous les instruments nécessaires. M. Abro, accompagné de M. Coste, un des ingénieurs du pacha, fit la reconnaissance des lieux, et présida à la construction des postes. La ligne télégraphique créée par Méhémet-Ali fonctionne encore aujourd'hui en Egypte ; on reçoit en quarante minutes à Alexandrie, les nouvelles du Caire, au moyen de dix-neuf stations établies dans des tours isolées.

La télégraphie rencontra plus de difficultés en Russie ; ce n'est guère qu'en 1834 qu'elle put s'y établir d'une manière définitive. Cependant l'utilité d'un tel agent de correspondance se faisait sentir en Russie plus que dans toute autre partie de l'Europe. L'immense étendue de cet empire est un obstacle continuel à la transmission des ordres envoyés de la capitale ; il faut des mois entiers pour les faire parvenir et pour être informé de leur exécution. La distance qui sépare les divers peuples soumis à l'autorité du czar, est si considérable, qu'ils ne peuvent former entre eux des relations suivies, et qu'ils sont, pour la plupart, comme étrangers les uns aux autres. Toutes ces circonstances devaient donner à l'établissement de la télégraphie chez les Russes un prix inestimable. Aussi l'empereur Alexandre attachait-il la plus haute importance à cette question. Malheureusement les résultats répondirent mal à son impatience et à ses désirs. Un grand nombre de personnes avaient essayé, à Saint-Pétersbourg, de construire des télégraphes, mais leurs tentatives avaient été si mal combinées, qu'il en reste à peine des traces. Nous ne connaissons de ces essais infructueux que l'esquisse de machine télégraphique qui fut proposée au czar par l'abbé Valentin Haüy, connu par sa méthode d'éducation des aveugles. Dans une brochure publiée en 1805, Valentin Haüy annonce qu'il vient d'appliquer heureusement sa méthode à la composition d'un système et d'une machine télégraphique dont il a accommodéle service « tout exprès pour l'usage de l'empire de Russie ». Il est difficile de comprendre comment une méthode imaginée pour les aveugles peut servir à lire des signaux : cette idée n'eut aucune suite.

Les journaux annoncèrent en 1808, qu'un M. Volque allait enrichir Saint-Pétersbourg d'un télégraphe aérien. Cet appareil devait mal remplir les vues du gouvernement, puisque son auteur crut devoir l'année suivante le transporter à Copenhague. Cependant, en 1809, le consul de Danemark fit au gouvernement français la demande d'un télégraphe, ce qui ne plaide pas en faveur de l'appareil de M. Volque.

Tous les essais entrepris en Russie pour la création d'une ligne télégraphique, avaient donc échoué, et depuis vingt ans une commission officielle, instituée en vue de cette question, n'avait encore rien produit, lorsqu'en 1831, un ancien employé de la télégraphie française vint proposer à l'empereur Nicolas de doter la Russie du moyen de correspondance depuis si longtemps cherché. C'était M. Chatau, qui, au moment de la révolution de 1830, avait été destitué avec Abraham Chappe. Le système qu'il avait imaginé était une modification du télégraphe Chappe, ayant pour principal avantage de diminuer le nombre des signaux.

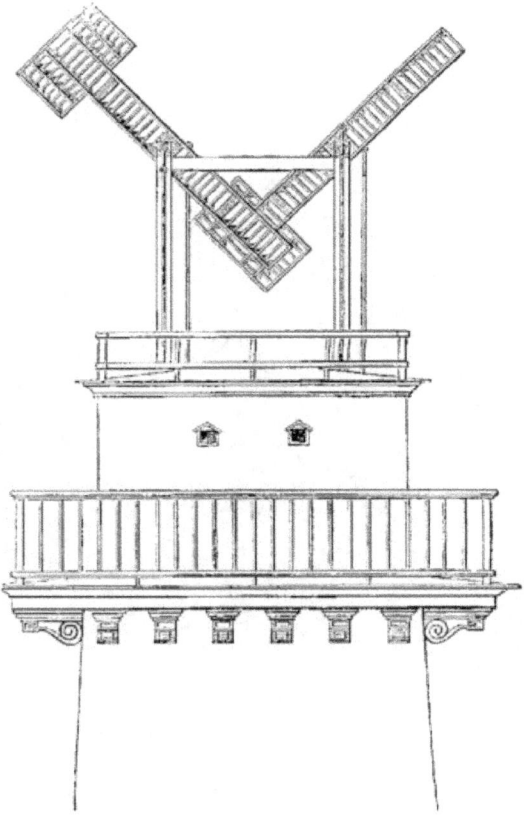

Fig. 23. — Télégraphe aérien établi en Russie par M. Chatau.

La figure 23 représente le *télégraphe de jour* de M. Chatau, d'après un mémoire assez obscur, et sans doute rendu obscur volontairement, qui a été publié à Paris par l'auteur, en 1842[32]. C'est le télégraphe français disposé de manière à produire un ordre différent de signaux.

En plaçant des lanternes aux bras de ce télégraphe, M. Chatau obtenait des signaux de nuit, dont le vocabulaire avait été composé par lui avec un très-grand soin.

Fig. 24. — L'empereur Nicolas exécute le premier essai de la
ligne télégraphique de Saint-Pétersbourg à Varsovie.

M. Chatau établit en Russie deux lignes de télégraphie aérienne :
l'u

ne de huit postes entre Saint-Pétersbourg et Cronstadt, et une
seconde de cent quarante-huit postes, entre Saint-Pétersbourg
et Varsovie. La première fut ouverte à la fin de février 1834, la
seconde, en mars 1838.

La ligne télégraphique de Varsovie était la plus étendue de
l'Europe : elle avait trois cents lieues de longueur. Son organisation
était entièrement militaire. Chacun des postes renfermait une
chambre à coucher, une cuisine, deux remises, une cave, une vaste
cour, un jardin et un puits. Quatre employés étaient attachés au
service de chacune des stations.

M. Chatau, de retour en France, aimait à raconter la scène

émouvante qui se passa le jour du premier essai de la ligne télégraphique qu'il avait établie, d'après les ordres de l'empereur, de Saint-Pétersbourg à Varsovie. Ce jour arrivé, et tous les stationnaires étant à leur poste sur le trajet de la ligne, on vit entrer l'Empereur, qui n'était point attendu.

Nicolas écrivit une dépêche de trente mots, et la présenta à M. Chatau, qui la traduisit en signaux de son vocabulaire.

Au moment où notre compatriote se disposait à saisir les manivelles du télégraphe, pour expédier les signaux, l'empereur Nicolas l'écarta brusquement. Il saisit les poignées des manivelles, et se mit à exécuter lui-même les mouvements destinés à former les signaux. À mesure qu'il avait fait un signal, il mettait l'œil à la lunette, pour reconnaître si le signal avait été compris et répété par le premier stationnaire ; puis il exécutait le signal suivant. Il transmit ainsi lui-même toute la dépêche.

Pendant la nuit, l'empereur s'était exercé sur un petit modèle, à la manœuvre des signaux télégraphiques. Il connaissait déjà le vocabulaire, et il avait voulu faire de ses propres mains, le premier essai des appareils sur la ligne.

On comprend si tous les cœurs étaient serrés ! Mais le plus ému de tous les assistants, le plus fortement impressionné, c'était naturellement M. Chatau. Il est évident, en effet, que si l'empereur, novice en télégraphie, avait commis quelque erreur, bien naturelle, dans l'expédition de la dépêche ; si les stationnaires eux-mêmes, encore peu exercés aux manœuvres, avaient mal compris un seul signal, tous les travaux, toutes les expériences du constructeur de la ligne télégraphique, étaient anéantis du même coup. Au lieu d'obtenir la juste récompense qu'il attendait, il se voyait déjà exilé en Sibérie par la colère du czar.

Heureusement rien de tout cela n'arriva. On attendait, avec anxiété, les signaux qui, revenant de Varsovie, devaient indiquer si la dépêche avait été comprise. Dix minutes étaient à peine écoulées que les signaux expédiés de Varsovie, et répétés par les télégraphes de toutes les stations, arrivaient, annonçant la parfaite réussite de l'expérience, l'état irréprochable de la ligne et l'excellence du système télégraphique établi par M. Chatau.

Dès qu'il vit revenir les signaux, l'empereur Nicolas embrassa M.

Chatau, le félicita, et lui annonça qu'il récompensait son mérite par une pension de 10 000 roubles et la croix de Saint-Vladimir.

Notre compatriote demeura encore deux ans en Russie. Au bout de ce temps, ayant parfaitement organisé le service, il rentra en France.

CHAPITRE XIII

LA TÉLÉGRAPHIE AÉRIENNE EN FRANCE, SOUS LOUIS-PHILIPPE. — LA TÉLÉGRAPHIE EN ALGÉRIE. — DIFFÉRENTS SYSTÈMES PROPOSÉS POUR PERFECTIONNER ET REMPLACER LE TÉLÉGRAPHE DE CHAPPE. — NAISSANCE DE LA TÉLÉGRAPHIE ÉLECTRIQUE. — LA TÉLÉGRAPHIE AÉRIENNE TERMINE GLORIEUSEMENT SA CARRIÈRE DANS LA GUERRE DE CRIMÉE.

Sous Louis-Philippe, la télégraphie française fut sérieusement encouragée. Plusieurs lignes nouvelles furent établies. Depuis longtemps la télégraphie était rentrée dans les attributions du ministère de l'intérieur. Soumise pendant la Révolution et sous l'Empire, au ministère de la guerre, cette institution, pendant les époques pacifiques de la Restauration et du gouvernement de Juillet, revenait naturellement au ministère de l'intérieur, dans les attributions duquel elle est encore aujourd'hui.

C'est sous Louis-Philippe que fut votée la loi qui attribue au gouvernement le monopole des communications télégraphiques, de quelque ordre qu'elles soient. Cette loi illibérale, extension peu motivée des monopoles de l'État, déjà si nombreux, était l'expression d'une défiance politique du gouvernement contre les citoyens. Elle subsiste encore de nos jours, dans toute sa rigueur, interdisant à tout particulier l'usage d'une correspondance télégraphique privée. La télégraphie électrique est régie par la même loi, ce qui crée unobstacle bien gratuit aux opérations, aux travaux des ateliers, des manufactures et des diverses industries, en les empêchant d'établir des communications télégraphiques.

Quoi qu'il en soit, c'est en 1837 que cette loi fut votée par la chambre des députés. À cette époque, aucune loi n'accordait à l'État le monopole de la correspondance télégraphique. Aussi un service de télégraphie privée s'était-il créé, d'après un nouveau système, entre Paris et Rouen. Une télégraphie clandestine s'était même établie, pour transmettre le cours de la bourse de Paris à Bordeaux.

C'est pour prévenir ce qui paraissait un abus, et ce qui n'était que l'exercice d'un droit de tout citoyen, que la chambre des députés vota la loi sur la *correspondance télégraphique*, qui lui fut présentée par le gouvernement, et promulguée le 3 mai 1837, Cette loi punit d'un emprisonnement d'un mois à un an et d'une amende de mille à dix mille francs « quiconque transmettra, sans autorisation, des signaux d'un lieu à un autre, soit à l'aide de machines télégraphiques, soit par tout autre moyen. » Elle ajoute que le tribunal ordonnera la destruction des postes desdites machines ou moyens de transmission.

Un plan général du réseau télégraphique fut arrêté, sous Louis-Philippe, par l'administration des télégraphes, dont le directeur était M. Alphonse Foy, neveu du célèbre général Foy. Ce plan consistait à établir une série de lignes concentriques, et à relier entre elles les lignes rayonnantes.

On avait projeté trois lignes. La première devait rattacher celle de Paris à Toulon à celle de Bayonne par Avignon, Montpellier, Toulouse et Bordeaux. La seconde partant de Dijon, devait aboutir à Strasbourg, en passant par Besançon. La troisième, se détachant de la ligne de l'Est à Metz, se serait dirigée sur Boulogne, par Valenciennes et Lille ; de Boulogne elle aurait gagné la ligne de l'Ouest à Avranches, en passant par Caen et en coupant la ligne projetée de Paris au Havre. Ce plan, parfaitement raisonné, donnait à une dépêche deux voies au moins pour arriver à destination, et faisait entrer dans le réseau les places fortes des frontières du Nord, les centres commerçants du littoral de la Manche et les villes importantes du Midi. Des embranchements spéciaux devaient rattacher Cherbourg, Boulogne, Nantes et Perpignan.

Ce projet ne fut exécuté qu'en partie, soit par la parcimonie de la chambre des députés, soit par la considération des imminents progrès du télégraphe électrique.

L'exécution du plan projeté par l'administration des télégraphes, commença par la ligne du Midi. En 1832 on créa la section d'Avignon à Montpellier, en 1834, celle de Montpellier à Bordeaux.

En 1841, une ligne fut construite de Calais à Boulogne, pour le service des dépêches d'Angleterre. On commença, en 1842, la ligne de jonction de Dijon à Strasbourg.

En 1844, la télégraphie aérienne présentait un imposant réseau, composé de 5 000 kilomètres de lignes, pourvues de 534 stations. 29 villes correspondaient télégraphiquement avec Paris. Voici les noms de ces villes, jalonnées selon le trajet des stations télégraphiques :

Lille, Calais, Boulogne ;

Châlons, Metz, Strasbourg ;

Dijon, Besançon, Lyon, Valence, Avignon, Marseille, Toulon ;

Tours, Poitiers, Angoulême, Bordeaux, Bayonne ;

Agen, Toulouse, Narbonne, Perpignan, Montpellier, Nîmes ;

Avranches, Cherbourg, Brest, Rennes, Nantes[33].

Tout cela était loin de composer un réseau suffisant pour tous les besoins de la correspondance de l'autorité politique, résidant à Paris, avec les principaux centres administratifs. Mais la télégraphie électrique commençait à gagner du terrain en sentant approcher le moment de sa réalisation pratique, et toute idée d'extension ou de perfectionnement de la télégraphie aérienne, se trouvait ainsi paralysée.

On ne crut pas cependant devoir attendre davantage pour doter nos établissements d'Algérie d'un système télégraphique. Un réseau aérien fut construit en Algérie de 1844 à 1854, sous la direction de M. César Lair. Les travaux furent exécutés par le génie militaire, d'après les données fournies par les employés du télégraphe. Ils ne furent pas d'ailleurs sans danger : souvent il fallut s'entourer de bataillons, pour protéger les travailleurs contre les attaques des indigènes.

Les lignes partant d'Alger desservaient vers l'ouest et le sud-ouest : Blidah, Milianah, Médéah, Cherchell, Tenez, Orléansville, Mostaganem, Oran, Sidi-Bel-Abbès et Tlemcen ; vers l'est : Aumale, Dellis, Bougie, Sétif, Constantine, Philippeville, Guelma, Bône, et enfin vers le sud-est : Batna et Biskara.

Les postes télégraphiques ne ressemblaient pas à nos stations françaises. C'étaient de véritables blockhaus, flanqués de deux petits bastions, et environnés d'une palissade, percée de meurtrières. Ainsi mis à l'abri, le poste télégraphique pouvait résister à toutes les attaques des indigènes ou aux irruptions des malfaiteurs. Il faut dire néanmoins, qu'ils n'eurent jamais à repousser aucune attaque.

Fig. 25. — Poste télégraphique français en Algérie.

En raison de la pureté habituelle de l'atmosphère, les stations télégraphiques de l'Afrique française étaient séparées par une distance de douze kilomètres. M. César Lair avait simplifié les signaux, ainsi que le vocabulaire, et ces réformes judicieuses accéléraient sensiblement le passage des dépêches.

L'appareil télégraphique fut réduit à sa plus simple expression. Il ne consista plus qu'en un régulateur fixe, avec deux indicateurs mobiles ; le tout soutenu par deux poteaux parallèles. Un vocabulaire spécial dut être appliqué à l'appareil ainsi modifié par la suppression d'une des pièces principales.

Par son extrême simplicité, le télégraphe d'Afrique présentait moins de chances de dérangements et fatiguait peu l'opérateur. Il rendait plus facile le passage des dépêches, au moyen de son vocabulaire, aussi riche que celui de France, quoique basé sur un nombre de signaux moindre. C'est le même système, qui fut adopté dans la régence de Tunis, et plus tard par notre administration télégraphique pour la guerre d'Orient.

Pour établir très-rapidement les lignes, M. César Lair fit construire des supports formés de deux poteaux obliquement croisés aux deux tiers de leur hauteur, et pouvant se fermer comme les deux lames d'une paire de ciseaux. La partie la plus longue des poteaux se démontait en deux pièces, et les indicateurs de la machine pouvaient se replier, avec leur queue, sur le régulateur. Un télégraphe, machine et support, démonté et replié, ne présentait pas une longueur de plus de 3 mètres, et pouvait facilement être transporté par un seul mulet En un quart d'heure, il pouvait être déchargé, monté et prêt à fonctionner. « C'était là, dit M. Ed. Gerspach, le véritable télégraphe aérien de campagne, vainement cherché sous la République et l'Empire. » Les stationnaires étaient choisis parmi des sous-officiers en congé, habitués, par un long séjour, au climat de l'Afrique et aux mœurs du pays.

La télégraphie aérienne a parfaitement fonctionné pendant quinze ans, dans notre colonie d'Afrique, sous la direction de M. César Lair. Elle fut remplacée, en 1859, par la télégraphie électrique.

M. César Lair, le même qui avait fait construire, en 1844, la première station de télégraphie aérienne, faisait démolir le dernier blockhaus de télégraphie aérienne.

En France, depuis l'année 1846, la télégraphie de Chappe luttait péniblement contre la télégraphie électrique, qui, déjà adoptée en Amérique et en Angleterre, assiégeait, pour ainsi dire, les portes de l'administration française. Pour ne point répéter ce qui sera dit bientôt sur le développement et les progrès de la télégraphie électrique en France, nous nous contenterons d'indiquer ici qu'une ordonnance royale en date du 23 novembre 1844, accorda un crédit extraordinaire de 240 000 francs pour établir une ligne d'essai de télégraphie électrique, le long de la voie du chemin de fer de Paris à Rouen. Au mois d'avril 1845, les poteaux étaient plantés et les fils tendus jusqu'à Mantes. Le 18 mai de la même année, en présence d'une commission officielle, les dépêches étaient échangées par le fil électrique entre Paris et Rouen.

Cette expérience jugeait suffisamment la question. Le gouvernement présenta à la Chambre des députés, dans la session de 1846, un projet de loi pour l'établissement d'une ligne télégraphique de Paris à Lille.

Malgré quelques résistances individuelles, dont nous ne parlerons point pour le moment, la loi fut promulguée le 3 juillet 1846. Elle décidait l'établissement d'une ligne télégraphique de Paris à la frontière belge, par Lille, avec un embranchement de Douai à Valenciennes.

La révolution de février 1848 arriva sur ces entrefaites. M. Flocon fut nommé administrateur des lignes télégraphiques, en remplacement de M. Alphonse Foy. Plus tard, c'est-à-dire en 1849, M. Foy fut rappelé à la tête de l'administration des télégraphes. Ce fonctionnaire, qui dirigea jusqu'en 1853 le service télégraphique, eut à remplir une tâche difficile : celle de substituer graduellement le système électrique au système aérien. Nous verrons, dans la notice qui suivra celle-ci, quelles furent les phases les plus intéressantes de cette période de transition.

Avant de disparaître pour toujours, la télégraphie aérienne devait jeter un dernier éclair. Elle devait briller un moment encore, comme une lampe près de s'éteindre, et qui, avant de disparaître pour jamais, jette une subite et passagère lueur. Elle devait s'illustrer devant Sébastopol.

Au moment où la guerre d'Orient fut décidée, le ministre de la guerre demanda à l'administration des télégraphes l'installation d'un système de signaux rapides, applicables aux opérations militaires. À cette époque, la télégraphie aérienne et la télégraphie électrique se trouvaient en lutte, sans qu'aucune solution officielle eût encore tranché la difficulté. Le directeur des télégraphes, M. de Vougy, qui venait de remplacer M. Alphonse Foy, prit un excellent parti : il envoya à la fois, un matériel électrique et un matériel aérien. Le personnel de ces deux services était placé sous les ordres d'un inspecteur, M. Carrette.

Le matériel et les employés arrivèrent le 10 juillet 1854, à Varna (Bulgarie), et l'on s'occupa immédiatement d'établir une ligne aérienne, composée de sept postes, de Varna à Baltschick, port d'embarquement des troupes pour la Crimée, et d'où nos escadres partirent dans les premiers jours de septembre 1854. Cette ligne fonctionna trois mois, du 15 août au 15 novembre.

La prise de Sébastopol présenta des difficultés auxquelles on ne s'était pas attendu, et l'on ne tarda pas à se convaincre qu'il fallait, pour enlever cette ville, couverte de défenses formidables, un siège lent et compliqué. Dès lors, pendant qu'on construisait, de Varna à Bucharest, une ligne de télégraphie électrique, pour établir, par la Turquie, la communication de nos armées avec l'Europe, le matériel de télégraphie aérienne s'embarquait pour la Crimée, destiné à devenir un auxiliaire constant des opérations du siège.

L'inspecteur chargé de cet important service, M. Aubry, arriva à Kamiesch le 29 décembre 1854. Il fit installer immédiatement de nombreuses stations de télégraphie aérienne, d'après un plan concerté d'avance, et qui consistait à relier au quartier général les principaux points stratégiques, les corps d'armée, les divisions détachées et les ports d'approvisionnement.

Pour se plier aux exigences de la stratégie, il fallut créer une véritable télégraphie ambulante, ce qui n'avait jamais existé, non-seulement en France, sous la république ni sous l'empire, mais même dans nos guerres d'Afrique, où les lignes, qui étaient quelquefois provisoires, ne furent jamais *volantes*. On vit, en Crimée, des lignes de télégraphie aérienne supprimées et rétablies dans la même semaine, selon les mouvements des divisions militaires qu'elles accompagnaient. Cela n'empêchait pas d'ailleurs les lignes permanentes de fonctionner.

On fit usage en Crimée, dit M. Gerspach dans son *Histoire de la télégraphie aérienne*, où nous trouvons toutes ces indications, du système télégraphique qui avait servi en Afrique ; seulement M. Carrette construisit en tôle, au lieu de bois, les ailes du télégraphe, ce qui, pour un même degré de résistance, les rendait plus légères[34]. Un poste pouvait être installé en vingt minutes et replié en un clin d'œil. Il suffisait de deux mulets pour emporter tout le matériel d'une station.

La vitesse de transmission était considérable, en raison de la faible distance des stations et de leur petit nombre. Un quart d'heure suffisait pour faire parvenir une dépêche du quartier général aux différents camps occupés par les corps d'armée. Il fallait vingt minutes pour aller de ce quartier général à Kamiesch et à la Tschernaïa ; une demi-heure pour atteindre l'Égry-Adgadj. Les cavaliers d'ordonnance que l'on aurait employés pour porter ces mêmes dépêches, auraient mis quatre heures pour parvenir à ce dernier point, une demi-heure ou une heure pour arriver au premier, tout en étant exposés à l'artillerie de la place. Ainsi, le service télégraphique laissait disponible la cavalerie, qui fut toujours peu nombreuse en Crimée.

Le vocabulaire était celui d'Afrique, un peu modifié par M. Aubry, pour ces circonstances nouvelles. Comme le petit nombre d'employés ne permettait pas de placer des traducteurs dans toutes les stations, on fut quelquefois obligé de donner aux signaux la simple signification des lettres de l'alphabet.

Les communications du grand quartier général avec les principaux corps d'armée, furent établies dès les premiers jours de 1855, par MM. Aubry et Carrette. Le grand quartier général correspondait ainsi avec la *maison Forey* (premier corps d'armée), avec la *redoute* (deuxième corps d'armée) ; avec la *maison d'observation* (espèce d'observatoire du général en chef) ; avec Kamiesch, Balaclava et Inkermann.

Après la bataille d'Inkermann, toutes ces relations furent changées, pour suivre les mouvements du grand quartier général, Quelques heures suffisaient pour installer des postes nouveaux, et supprimer les anciens.

Le 8 septembre, le télégraphe était placé sur la *redoute Victoria*, et le lendemain sur la *tour Malakoff*.

Sans rapporter ici tous les déplacements des postes télégraphiques qui suivaient les évolutions du siège, nous dirons que pendant dix-huit mois (de janvier 1855 à juillet 1856), la *maison Forey*, la *maison d'observation*, le *poste de la redoute*, Kamiesch, la Tschernaïa et la vallée de Baïdar, correspondirent, sans interruption, par le télégraphe, avec le grand quartier général, et qu'il en fut de même pour les autres positions que nos troupes occupèrent. 4 500 dépêches expédiées pendant cette campagne, disent assez les services de tout genre que la télégraphie aérienne rendit aux opérations de l'armée et de la flotte, comme aux services de l'intendance militaire[35].

Les employés du télégraphe firent preuve d'un dévouement, d'une abnégation et d'un courage constants. Fonctionnaires et agents campaient sous la tente, comme nos soldats ; quelquefois ils furent forcés de coucher sur le terrain détrempé par des pluies incessantes. Malgré les rigueurs de l'hiver, les stations permanentes ne furent munies de baraques, pour mettre à couvert les stationnaires, qu'au mois de novembre 1855. Chaque poste ne renfermait qu'un employé, qui était obligé d'avoir l'œil à la lunette, pendant toute la durée du jour, c'est-à-dire pendant seize à dix-huit heures, en été. Les employés de la télégraphie partagèrent donc les privations, les souffrances et souvent les dangers auxquels étaient exposés nos soldats.

Pendant quatre mois, la station de la *tour Malakoff* resta à la portée des canons des forts du nord de Sébastopol. Il fallut même déplacer ce poste, trop exposé à servir de point de mire à l'artillerie de la place. Pendant la bataille de Tracktir, et le jour de l'assaut de Sébastopol, les employés du télégraphe restèrent enfermés dans leur baraque, continuant d'échanger des signaux, au milieu d'une grêle de balles.

Ici finit l'histoire de la télégraphie aérienne. Le rôle glorieux qu'elle joua dans la guerre de Crimée fut le dernier épisode de son existence. À partir de ce moment, en effet, c'est-à-dire en 1856, la télégraphie aérienne s'efface et disparaît à jamais devant sa rivale, la télégraphie électrique. Digne et glorieuse fin ! Inaugurée pendant les guerres de la République, par l'annonce de la prise de Condé sur les Autrichiens, l'invention de Chappe termine sa carrière sous les murs de Sébastopol. Elle meurt, pour ainsi dire, enveloppée dans les plis de ce même drapeau tricolore, qui avait si glorieusement flotté sur son berceau !

Le télégraphe aérien n'est plus qu'un souvenir pour la génération actuelle. Dans notre temps, où tout passe si vite, la vieille machine inventée sous la République, n'éveille qu'un souvenir de pitié, en présence des prodiges qu'accomplit chaque jour le télégraphe électrique, et l'appareil suranné qui immortalisa Claude Chappe, n'est plus bon qu'à tenter la verve des chansonniers. M. Nadaud, dont les compositions s'inspirent souvent avec bonheur des choses de nos jours, est l'auteur d'une chanson, *le Vieux télégraphe*, que nous citerons à la fin de ce chapitre, comme pour relever, par quelque grain de poésie, notre très-humble prose.

LE VIEUX TÉLÉGRAPHE.

Que fais-tu, mon vieux télégraphe,
Au sommet de ton vieux clocher,
Sérieux comme une épitaphe,
Immobile comme un rocher ?
Hélas ! comme d'autres, peut-être,
Devenu sage après la mort,
Tu réfléchis, pour les connaître,
Aux nouveaux caprices du sort.

C'est que la vie est déplacée ;
Les savants te l'avaient promis,
Et toute royauté passée
N'a plus de flatteurs ni d'amis.
Autrefois, tu faisais merveille,
Et nous demeurions tout surpris
De voir, en un seul jour, Marseille
Envoyer deux mots à Paris.

Tu fus l'énigme de notre âge ;
Nous voulions, enfants curieux,
Deviner ce muet langage,
Qui semblait le parler des Dieux.
Lorsque tes bras cabalistiques,
Lançaient à l'horizon blafard
Les mensonges diplomatiques
Interrompus par le brouillard.

Maintenant, en une seconde,
Le Nord cause avec le Midi ;
La foudre traverse le monde
Sur un brin de fer arrondi.
L'esprit humain n'a point de halte,
Et tu restes debout et seul,
Ainsi qu'un chevalier de Malte,
Pétrifié dans son linceul !

Tu te souviens des diligences

Qui roulaient jadis devant nous,
Portant écoliers en vacances,
Gais voyageurs, nouveaux époux.
Tu ne vois plus, au clair de lune,
Aux rayons du soleil levant,
Passer tes sœurs en infortune,
Qui jetaient leur poussière au vent !

Ainsi s'éteignent toutes choses,
Qui florissaient au temps jadis ;
Les effets emportent les causes,
Les abeilles sucent les lis.
Ainsi chaque règne décline,
Et les romans de l'an dernier,
Et les jupons de crinoline,
Et les astres de Le Verrier !

Moi, je suis un pauvre trouvère,
Ami de la douce liqueur
Des chants joyeux sont dans mon verre ;
J'ai des chants d'amour dans le cœur.
Mais à notre époque inquiète,
Qu'importent l'amour et le vin ?
Vieux télégraphe, vieux poète,
Vous vous agiteriez en vain !

Puisque le destin nous rassemble,
Puisque chaque mode a son tour,
Achevons de mourir ensemble
Au sommet de ta vieille tour.
Là, comme deux vieux astronomes,
Nous regarderons fièrement
Passer les choses et les hommes,
Du haut de notre monument !

    NADAUD.

Louis Figuier

CHAPITRE XIV

Au système télégraphique imaginé par Claude Chappe, c'est-à-dire à l'emploi d'un vocabulaire secret, dont les mots sont traduits par des signaux extérieurs, on peut rattacher une invention qui a beaucoup occupé, de nos jours, l'attention publique, et que nous ferons connaître ici, pour compléter les notions générales relatives à la télégraphie. Nous voulons parler de la *téléphonie* ou *télégraphie musicale*, inventée par François Sudre.

La *téléphonie* n'est qu'une application particulière d'une découverte beaucoup plus générale, due à François Sudre : *La langue musicale universelle*.

Qu'est-ce que la langue musicale universelle ? C'est l'art d'exprimer, au moyen des sept notes de la gamme, la parole humaine. C'est le secret de rendre toutes les pensées, de parler toutes les langues, par la simple émission de quelques notes de musique. Avec la *langue musicale universelle*, un Anglais et un Français, un Russe et un Chinois, s'entendent, se comprennent et échangent toutes leurs idées.

François Sudre fut conduit à l'emploi des sons musicaux comme moyen de langage général, par les réflexions émanées de beaucoup de grands esprits qui se sont occupés de linguistique, et qui ont mis en avant le beau projet d'une langue universelle. Descartes, Leibnitz, J.-J. Rousseau, Chabanon, Ch. Nodier, ont indiqué la musique comme l'élément certain d'une langue universelle : « Dire et chanter sont la même chose, » a dit Strabon. « Les premières langues furent chantantes et passionnées, dit le philosophe de Genève ; toutes les notes de la musique sont autant d'accents ! » D'après un de nos écrivains modernes : « Les langues, les idiomes, les dialectes, les patois varient au point que souvent on n'entend pas le paysan du village voisin ; mais la musique est une pour tous. » D'Alguarno, qui a précédé Wilkins et Leibnitz, assure qu'avec nos cinq sens physiques, cinq voyelles et cinq consonnes, on pourrait fournir des paroles à toutes les perceptions de l'homme.

C'est en méditant ces principes que François Sudre jeta les bases de la langue musicale. Il était professeur à l'école de Sorrèze lorsque, pour la première fois, en 1817, cette pensée s'offrit à son esprit. Après six ans de travaux, en 1823, il avait à peu près résolu le problème. Désirant soumettre son invention à l'examen des hommes de l'art, il quitta Sorrèze, et se rendit à Paris, où il donna une séance publique, dont rendit compte le *Moniteur* du 23 octobre 1823.

Fig. 26. — François Sudre.

En 1827, François Sudre présenta son travail à l'Académie des beaux-arts de l'Institut, qui, après avoir pris connaissance des procédés qu'il avait imaginés pour la formation d'une langue musicale, et après plusieurs expériences faites en sa présence, reconnut « que l'auteur avait parfaitement atteint le but qu'il s'était proposé, celui de créer une véritable langue musicale. »

Le rapport de la commission ajoute : « Offrir aux hommes un nouveau moyen de se communiquer leurs idées, de se les transmettre à des distances éloignées et dans l'obscurité la plus profonde, est un véritable service rendu à la société. »

Nous ne saurions entrer ici dans l'exposé du système par

lequel Sudre a réussi à exprimer, au moyen des sept sons de la gamme, toutes les idées, toutes les expressions fournies par les langues parlées. Ceux qui voudront s'édifier sur cette découverte intéressante, n'auront qu'à consulter l'ouvrage qui a été publié en 1866, par la veuve de l'inventeur[36]. Tout ce que nous voulons en dire, c'est que la *téléphonie*, c'est-à-dire la télégraphie qui a pour base l'emploi des sons, n'est qu'une application pratique de cette langue musicale universelle inventée par François Sudre.

On va comprendre comment la téléphonie n'est en effet qu'une application de la langue musicale.

Dans la langue musicale de François Sudre, on fait usage des sept notes de la gamme, pour exprimer toutes les idées. En prenant seulement trois notes, Sudre composa la *téléphonie*, c'est-à-dire l'art de signaler au loin, par les sons d'un instrument, des ordres, des dépêches, des phrases, inscrits d'avance dans un vocabulaire spécial. La base de la *téléphonie* ou *télégraphie acoustique*, c'est donc l'inscription préalable d'une série d'ordres ou de phrases dans un vocabulaire dont l'expéditeur et le dernier stationnaire possèdent seuls la clef, et dans lequel trois sons musicaux servent de signaux pour renvoyer au vocabulaire. La téléphonie est au fond, le système de correspondance télégraphique de Chappe, avec cette différence que les sons font l'office des signaux aériens visibles à grande distance. Ici l'oreille remplace l'œil.

En 1829, un de nos illustres compositeurs, Berton, l'auteur d'*Aline* et de *Montano et Stéphanie*, présentait l'inventeur et son œuvre à la classe des beaux-arts de l'Institut. Un rapport fut fait à ce sujet à l'Institut, et communiqué au vicomte de Caux, alors ministre de la guerre, lequel pria Sudre de se rendre auprès du président du comité consultatif d'état-major et d'expérimenter sous ses yeux. Le résultat des essais auxquels la nouvelle méthode fut soumise, parut déjà, à cette époque, très-encourageant.

Cependant, tel qu'il existait en 1829, le système téléphonique de Sudre était compliqué ; il exigeait alors, comme nous l'avons dit, l'emploi de cinq sons : c'étaient les cinq notes de la gamme que donne le clairon :

Il a été depuis singulièrement perfectionné.

La *téléphonie* n'emploie aujourd'hui que trois sons distincts : *sol, ut, sol*, compris dans les notes du clairon d'ordonnance. Ces notes sont séparées par des intervalles musicaux assez étendus pour que les oreilles les moins exercées ne puissent les confondre. Chaque signal se compose d'un nombre de sons qui ne dépasse jamais trois, et qui se réduit quelquefois à deux, et même, s'il le faut, à un seul. Deux signaux successifs, dont l'un sert d'avertissement, suffisent pour transmettre l'un des ordres inscrits à l'avance dans un livre de tactique militaire. Les mêmes combinaisons sont applicables à la tactique navale.

Ainsi, la téléphonie n'est autre chose que l'emploi de cinq ou de trois sons, afin de se conformer à la portée du clairon d'ordonnance et de l'approprier à l'art militaire. L'inventeur a choisi comme termes de ce langage, les notes de l'accord *sol, ut, sol*, dont la perception est facile, même pour les personnes qui n'ont aucune notion de musique.

Au lieu de clairons, on peut faire usage du tambour, en substituant à chacune des notes *sol, ut, sol*, une batterie particulière, dont la signification est connue à l'avance. Le canon même peut être utilisé dans les circonstances où les clairons et les tambours n'ont pas une portée suffisante, par exemple en mer, ou par un grand vent. Ces divers modes de transmission ne changent rien au système téléphonique : chaque signal reste toujours composé de notes dont le nombre ne dépasse pas trois, et dont chacune a sa représentation dans le mode particulier de transmission que l'on croit devoir accepter.

Dans cette télégraphie, comme autrefois dans la télégraphie aérienne, sauf les signaux du service, les stationnaires intermédiaires n'ont aucune connaissance de la valeur des sons qu'ils transmettent. D'ailleurs, la faculté de changer à volonté la clef des signes, garantit le secret des dépêches.

Pour étendre encore les applications de son système, et rendre la communication possible entre deux corps d'armée, dans toute espèce de circonstances, Sudre a imaginé, comme conséquence des mêmes principes, un mode particulier de télégraphie aérienne qui n'exige que trois signes distincts. Pendant le jour, trois disques coloriés, pendant la nuit, trois fanaux lui suffisent pour établir une correspondance entre deux postes éloignés. On peut même indiquer simultanément le même ordre à toute une armée, par l'emploi de trois fusées de couleurs différentes. On a cet avantage, quand on emploie les disques ou les fanaux, que l'on peut se passer de signal d'avertissement ; il suffit, en effet, d'échelonner trois disques déterminés à des hauteurs différentes, sur un support léger, que l'on élève ensuite assez haut pour qu'ils soient aperçus. La disposition géométrique des disques, jointe à la différence de leurs teintes, suffit pour indiquer d'un seul coup un ordre quelconque inscrit au dictionnaire télégraphique.

Tous ces moyens rentrent, on le voit, dans les pratiques de la télégraphie aérienne, dont nous venons d'exposer l'histoire et les règles principales.

Les trois disques coloriés ne sont que la représentation *visuelle* des trois sons ; ils occupent la même place qu'eux sur une *portée* de trois lignes ; si bien qu'un soldat-clairon qui les voit, peut les signaler à un poste qui ne pourrait les apercevoir.

Depuis l'époque, déjà éloignée, où elle fut imaginée par l'inventeur, la téléphonie a été l'objet, un grand nombre de fois, d'un examen approfondi. Il ne sera pas sans intérêt de faire connaître les différentes opinions que les hommes de science ou de guerre ont exprimées sur sa valeur.

En 1829, à la suite du rapport qui avait été adressé à l'Institut sur la demande de Berton, le ministre de la guerre fit procéder, avons-nous dit, à des expériences sur ce nouveau mode de correspondance militaire. Dans un premier essai que M. Sudre fit au Champ-de-Mars, en présence de plusieurs généraux de l'état-major et du génie, une phrase expédiée à l'aide du clairon, de l'extrémité du Champ-de-Mars à une vedette placée au-dessus de la butte du Trocadéro, fut reçue par celle-ci, et le signal de réception renvoyé à l'expéditeur, en moins de 15 secondes (fig. 27).

À la suite de ce premier résultat, le ministre de la guerre nomma une commission d'officiers généraux de toutes armes, laquelle, après plusieurs expériences du même genre, qui eurent lieu au Champ-de-Mars, fit un rapport favorable sur la nouvelle invention.

Fig. 27. — Expérience de téléphonie faite au Champ-de-Mars
par François Sudre en 1829.

Quelques mois plus tard, l'inventeur recevait du ministre de la
marine l'ordre de se rendre à Toulon, pour y faire des expériences
devant une commission maritime présidée par le contre-amiral
Gallois. Elles se renouvelèrent plusieurs fois, et toujours avec succès,
devant cette commission. Le rapport se montra très-favorable à la
nouvelle méthode télégraphique. Cependant le gouvernement ne
prit aucune décision pour l'appliquer immédiatement.

Plus tard, François Sudre soumit de nouveau sa découverte à
l'Académie des sciences, qui, dans un rapport dû à MM. Edwards
aîné et Freycinet, capitaine de vaisseau, lui accorda beaucoup
d'éloges.

En 1841, le ministre de la marine chargea François Sudre d'aller
expérimenter son système sur l'escadre de la Méditerranée. La
commission nommée par le vice-amiral Hugon, commandant
en chef de l'escadre, s'assembla plusieurs fois en rade, et constata
que la rapidité de la transmission de tous les ordres de la tactique
navale était convenable, et que toutes les formules pouvaient

être communiquées, la nuit comme le jour, par le clairon, à une distance d'environ 4 400 mètres.

Lorsque l'escadre sortit de Toulon, pour aller mouiller aux îles d'Hyères, d'autres épreuves eurent lieu, à dix heures du soir, au mouillage ; elles donnèrent le même résultat. L'amiral jugea alors à propos d'adopter ce moyen pour ordonner à ses navires de faire leurs préparatifs de départ. La téléphonie retentit aussitôt, et les signaux se traduisirent en langue vulgaire à bord de chaque navire.

Le lendemain, l'escadre levait l'ancre et se dirigeait vers nos possessions d'Afrique. Au retour, durant la traversée d'Alger à Toulon, les expériences qui eurent encore lieu en pleine mer, par tous les temps, ne laissèrent aucun doute dans l'esprit des membres de la commission : les évolutions, les grandes manœuvres même, s'exécutèrent au moyen de la téléphonie.

La commission déclara donc que le système téléphonique pouvait être fort utile à la marine, et elle appela sur ce sujet l'attention du gouvernement.

Le succès des expériences faites en mer réveilla le zèle de l'administration de la guerre. De nouvelles épreuves commencèrent au Champ-de-Mars, et la commission d'officiers généraux, devant qui elles eurent lieu, conclut à l'adoption de ce système dans l'armée, et à la création d'une école de téléphonie. Cette commission émit encore le vœu qu'une récompense de même nature que celles qu'on accorde aux auteurs des découvertes importantes, fût allouée à l'inventeur pour la cession de son système au gouvernement.

Le ministre désigna une seconde commission, également composée d'officiers généraux de toutes armes, afin qu'elle indiquât le moyen le plus sûr de répandre la téléphonie dans tous les corps de l'armée.

Cette dernière commission prit connaissance de tous les procédés, de tous les secrets des conventions télégraphiques de François Sudre. Après s'être assurée que ces moyens étaient d'une exécution facile pour les soldats et pour les officiers qui seraient chargés d'interpréter les signaux, elle proposa d'accorder une somme de 50 000 francs à l'inventeur, comme indemnité de ses longs travaux, et 3 000 francs de traitement annuel, comme directeur de l'école de téléphonie. Mais ces récompenses n'ont jamais été accordées.

CHAPITRE XIV

Nous ignorons pour quelles causes le projet d'introduire dans l'armée le système de correspondance acoustique, qui semblait arrêté, en 1841, dans l'esprit du gouvernement, ne reçut aucune suite. On le trouva sans doute trop compliqué.

L'inventeur se dédommagea de cet insuccès par le meilleur des moyens : il perfectionna davantage son œuvre, car, en 1846, il parvint à réduire à l'unité tous les sons dont il avait besoin. Voici ce qu'on lisait dans le *Moniteur* du 4 février 1846 :

« Des expériences de télégraphie acoustique, inventée par M. Sudre et pratiquée par le canon, ont eu lieu aujourd'hui, à Vincennes, en présence de M. le duc de Montpensier, de M. le général Gourgaud, président du comité d'artillerie, et de plusieurs autres officiers généraux et supérieurs. On avait mis à la disposition de M. Sudre huit pièces d'artillerie qu'on avait placées en avant de la porte sud du château. L'élève de M. Sudre, qui devait interpréter les ordres, était derrière les buttes du polygone. Tous les ordres transmis avec une grande rapidité et sans autre auxiliaire que le canon, ont été interprétés avec la plus scrupuleuse fidélité ; et, lorsque la séance a été terminée, S. A. R. ainsi que les généraux ont témoigné toute leur satisfaction à M. Sudre. »

C'était un progrès immense pour la télégraphie militaire, que cette réduction à l'unité. Tous les éléments de la téléphonie ont pu dès lors être appropriés à cette nouvelle combinaison. Aujourd'hui, on peut employer alternativement, selon les circonstances, une note, un coup de canon, un roulement de tambour, un fanal, un signe quelconque.

En 1850, des expériences de ce système ainsi simplifié, furent exécutées par François Sudre à une distance double de celle qui avait été choisie dans les essais faits avant cette époque.

Le 3 mars 1850, un journal rendait compte de ces expériences en ces termes :

« Des expériences de télégraphie acoustique ont été renouvelées jeudi au Champ-de-Mars. Il s'agissait, cette fois, de savoir si des ordres partant de l'École militaire pouvaient être communiqués au moyen de plusieurs postes de clairons, échelonnés de distance en distance, au village de Rueil, éloigné de dix kilomètres du point de départ.

Louis Figuier

« Le succès le plus complet a été obtenu. Voici le texte des ordres que M. le général Guillabert a donnés à M. Sudre :

« *Gardez-vous sur votre flanc gauche.*

« *Nous sommes attaqués par des forces supérieures.*

« *Envoyez-nous de l'artillerie.* »

De son côté, l'officier d'état-major, qui était à Rueil, a transmis au général Guillabert les deux ordres suivants :

« *La brèche est faite au bastion n° 25 ; prenez vos dispositions pour que l'assaut soit donné demain matin.*

« *Rentrez au camp.* »

Dans ces expériences, où des messages, des phrases militaires furent transmis avec une fidélité étonnante, au moyen de postes de clairons, à une distance de 10 kilomètres, on s'était servi seulement des trois notes du clairon d'ordonnance : *sol, ut, sol.*

Le ministre de la guerre ne donna pas suite, avons-nous dit, au projet dont l'inventeur avait été bercé en 1841 : l'adoption de son système de télégraphie acoustique dans l'armée française, et la création d'une école spéciale de téléphonie. Mais en 1855, le jury de l'Exposition universelle, présidé par le prince Napoléon, lui décerna une récompense de 10 000 francs pour son invention de la langue musicale universelle et de la téléphonie.

François Sudre, à tort ou à raison, a cru que l'administration de la guerre avait tenu bonne note de l'invention qu'elle n'avait pas voulu officiellement adopter. Ce qui est positif, c'est qu'en 1855, pendant la guerre de Crimée, on fit quelque usage de la téléphonie. Ce fait est établi par une lettre que François Sudre adressa au journal *la Presse*, à l'occasion d'un article que nous avions publié sur son invention. Sudre écrivait ce qui suit à la *Presse*, le 8 septembre 1836 :

« Si j'en crois le récit d'un grand nombre d'officiers et soldats-clairons revenant de l'armée d'Orient, un usage absolument semblable aurait été fait dans un but utile, afin d'éviter à nos travailleurs d'être surpris par les sorties nocturnes que faisaient les Russes. (Voir, à ce sujet, *la Presse* du 28 février 1855.)

« Mais voici qui est plus explicite ; j'écris ce qui suit sous la dictée d'un capitaine d'état-major :

« À mesure, dit-il, que nos travaux se rapprochaient de Sébastopol, les Russes faisaient de temps en temps des sorties nocturnes, pour attaquer nos travailleurs ; il en est résulté du retard dans l'exécution de nos travaux. Alors un grand nombre d'officiers pensèrent qu'il était urgent d'établir des lignes de clairons, afin de prévenir, d'un bout à l'autre des tranchées, que l'ennemi attaquait sur tel ou tel point. Une fois ces lignes établies, les clairons de chaque compagnie répétaient les signaux convenus, et l'armée de réserve, située à un endroit qu'on appelait le *Clocheton*, était prévenue de se tenir prête à marcher, par un poste intermédiaire, du *Clocheton* à la première parallèle. Après un signal donné, on faisait entendre quelques notes isolées pour indiquer si l'on s'adressait à la droite, à la gauche ou au centre ; et, chose remarquable, ajoute cet officier, c'est que, pendant la fusillade et même la canonnade, le son du clairon dominait entièrement. »

Cette correspondance téléphonique, semblable en tout point à celle qui avait été pratiquée en 1850, du Champ-de-Mars à Rueil, au moyen de plusieurs postes de clairons, rendit un véritable service, puisque nos travailleurs ne furent plus inquiétés.

Pour résumer l'exposé qui précède, il suffira de mettre sous les yeux du lecteur le tableau des notes de la gamme, qui ont été employées par François Sudre dans les diverses périodes du perfectionnement de son système. Voici ce tableau, dans lequel, on le remarquera, ne figurent que les notes qui peuvent seules être données par le clairon.

Système de 1829.

Système de 1841.

Système de 1850, qui parait le meilleur en ce qu'il réunit deux moyens de communication qui s'exécutent simultanément. Le tambour et

le canon *peuvent également désigner ces trois sons, qui, de plus, se signalent à la vue par trois disques ou trois fanaux.*

Système de l'unité.

Après tous les jugements favorables qui ont été exprimés sur le compte de la téléphonie, on est surpris il faut le dire, de ne l'avoir jamais vu adopter dans les armées. Ce système est connu depuis de longues années, il a été expérimenté un nombre considérable de fois ; comment se fait-il donc que ni en France ni à l'étranger il n'ait jamais été couronné par la sanction de l'emploi pratique dans les armées de terre ou de mer ? Ce fait nous paraît grave contre l'invention de François Sudre. Il constitue un argument sérieux à lui opposer ; car on ne saurait douter que tous les gouvernements, toutes les administrations qui ont expérimenté ce système, n'aient eu des raisons valables pour en repousser l'emploi. Il est à croire que cette méthode soulève dans la pratique quelque obstacle capital qui en diminue les avantages. L'influence des échos, qui peuvent mêler aux notes du signal les mêmes notes, répétées à des intervalles plus ou moins rapprochés, nous apparaît comme un de ces inconvénients.

En résumé, sans être partisan enthousiaste de la télégraphie musicale de M. Sudre, nous avons cru que la connaissance de cette méthode intéresserait nos lecteurs. La téléphonie ne saurait, sans nul doute, avoir la prétention de remplacer la télégraphie électrique ; mais on peut remarquer que ce dernier moyen de correspondance ne peut fonctionner que sur des lignes déterminées et préétablies. Dans les armées en campagne, le télégraphe électrique s'improvise, il est vrai, très-rapidement ; mais encore faut-il que le terrain soit libre entre les deux stations. La téléphonie lui est supérieure sous ce rapport ; elle opère en tous lieux et sans préparation préalable.

Elle peut fonctionner sur une flotte, et suppléer, à la rigueur, à tous les systèmes que l'on a proposés pour communiquer rapidement au loin. Elle est mobile et peut s'improviser partout. Elle peut se pratiquer dans presque tous les lieux, dans les alternatives de jour et de nuit ; la nuit lui est même très-favorable, par suite du silence qu'elle étend sur la terre. Ainsi, ni la diversité de lieux, ni les vicissitudes, ni les changements subits du temps, n'arrêtent son essor. Ajoutons que les instruments de la téléphonie, à part le canon, sont très-portatifs. Ils servent d'ailleurs à d'autres usages, condition d'une haute importance dans la pratique : c'est le clairon, c'est-à-dire un instrument qui est, pour un autre objet, entre les mains du soldat, qui constitue son agent essentiel. La téléphonie l'emporte sur la télégraphie quand on n'a ni le temps de choisir les lieux, ni l'alternative du choix.

À la mer, la téléphonie présenterait peu de supériorité sur les signaux visuels.

Nous pensons, avec M. Lissajous, qui a exprimé cette idée dans un rapport fait en 1856, à la *Société d'encouragement*, que la téléphonie peut trouver son application non-seulement à la guerre, mais même dans l'industrie, en particulier pour le service des chemins de fer, où l'emploi d'un mode de communication simple et rapide présenterait un grand nombre d'avantages.

En 1862, François Sudre obtint à l'Exposition universelle de Londres, une *médaille d'honneur*, en récompense de sa double invention de la langue musicale universelle et de la téléphonie.

Comme s'il n'eût attendu pour quitter ce monde, que cette distinction solennelle, François Sudre mourut le 2 octobre 1862, des suites des fatigues qu'il avait éprouvées pendant son séjour à Londres.

François Sudre donnait souvent, à Paris, dans des réunions publiques, la représentation de son système de langue musicale universelle, et ces séances avaient toujours le privilège d'exciter une vive curiosité. On ne pouvait s'expliquer comment des phrases entières, prises dans toutes les langues, mortes ou vivantes, pouvaient être transmises et comprises à la seule émission de quelques notes de la gamme. Le piano ou le violon était l'instrument qui servait à donner ces notes. La voix remplaçait quelquefois l'instrument de musique.

Dans les séances de langue musicale universelle et de téléphonie, madame Sudre était le correspondant, l'auxiliaire de l'inventeur.

Encore enfant, mademoiselle Joséphine Hugot avait été adoptée par François Sudre, qui en fit son élève et son aide dans ses expériences publiques. La jeune fille devint une cantatrice de talent, qui se fit bientôt connaître dans le monde musical de Paris. En 1855, elle épousa François Sudre, qui était lui-même un musicien de grand mérite.

Depuis la mort de son mari, madame Sudre a continué avec zèle à propager l'œuvre de l'inventeur. François Sudre avait travaillé pendant quarante-cinq ans au vocabulaire de sa langue musicale, mais il ne l'avait pas publié ; sa veuve, après avoir entièrement mis ce vocabulaire au net, l'a publié en 1866, dans l'ouvrage dont nous avons donné plus haut le titre.

CHAPITRE XV

LA TÉLÉGRAPHIE NAVALE. — LE CODE MARRYATT. — LE CODE REYNOLD. — LE CODE LARKINS, OU CODE COMMERCIAL DES SIGNAUX ANGLO-FRANÇAIS.

Cette langue universelle dont il vient d'être question, a été réalisée de nos jours, dans un cas dont tout le monde comprend l'importance : pour les communications entre les navires de toutes les nations.

La transmission des ordres d'un bâtiment à l'autre, quand ces bâtiments appartiennent à la même nation, présente peu de difficulté, comme aussi peu d'intérêt, La tactique navale, réglementaire à bord des bâtiments, a résolu ce problème d'une manière satisfaisante. Des pavillons de différentes couleurs et de diverses formes, servent à établir les communications, soit d'un bâtiment à l'autre, soit d'un bâtiment à un canot, etc. Nous n'avons rien à dire de cette partie de la tactique navale. Ici, en effet, il n'est point question d'une langue universelle, mais seulement d'un échange de signaux entre des marins d'une même nation.

Mais où la langue universelle trouve son application, c'est dans l'échange des signaux qu'il faut faire entre des bâtiments qui se rencontrent en mer, et qui appartiennent à une nation quelconque. Il faut que ces deux bâtiments qui s'aperçoivent au large, puissent s'entretenir et se parler, quelle que soit leur nationalité respective. Il faut qu'un idiome nautique universel, une langue conventionnelle, comparable à l'écriture symbolique des Chinois, aux hiéroglyphes égyptiens, ou bien au langage mimique des sourds-muets, permette aux marins de se faire comprendre les uns des autres, sans qu'ils aient besoin de parler trente langues, comme le célèbre polyglotte de notre siècle, le cardinal Mezzofanti, mort à Naples, en 1849.

Cette langue nautique universelle existe, cette conception admirable d'un langage maritime qui ne se parle pas, mais qui se lit, a été réalisée. Il existe aujourd'hui des *Codes* spéciaux répondant à des signaux que tous les marins peuvent exécuter et comprendre. Il suffit que chaque navire soit muni d'une édition du *Code commercial de signaux* dans sa langue nationale, pour qu'il soit à même de se servir de l'idiome universel, comme de sa propre langue, et de s'entretenir avec tous les navires qu'il rencontre.

Ce n'est pas sans difficulté, ce n'est qu'avec le concours permanent d'un grand nombre d'hommes voués à cette étude chez les différentes nations, que l'on est parvenu à créer la langue maritime universelle qui permet d'établir par des signaux, une communication entre deux navires étrangers. Il ne sera pas sans intérêt de passer en revue les différents systèmes, qui ont été essayés en Angleterre et en France, pour arriver à ce grand résultat, atteint aujourd'hui d'une manière à peu près complète.

L'utilité d'un système universel de signaux maritimes est de toute évidence. Combien de catastrophes auraient été évitées, combien de périls détournés, combien d'argent économisé, s'il eût été toujours possible aux navires qui se croisent, d'échanger des avis, de s'instruire mutuellement de ce qui se passait dans les différents ports qu'ils avaient visités. L'importance de ce genre de communication, aux points de vue commercial, politique et militaire, n'a pas besoin d'être plus longuement établie ; elle saute aux yeux.

Mais en dehors de cette utilité commerciale ou nautique, on comprend que la simple possibilité d'échanger, de temps à autre, quelques phrases, ne soit pas un médiocre service rendu aux gens de mer. Sur un navire, tout devient distraction. Un lambeau de conversation, lancé à travers l'espace, est une véritable jouissance pour celui qui, pendant des semaines entières, n'a vu que le ciel et l'eau. Dès qu'un navire apparaît à l'horizon, il est l'objet de la curiosité de l'équipage. On fait des conjectures sur sa nationalité et sa destination. On cherche à distinguer la forme de sa coque et son pavillon. Quand on s'est approché à une distance convenable, on se fait des signes, et l'on cherche à entamer une conversation. Le capitaine fait arborer ses pavillons hiéroglyphiques ; il dresse les signaux de la langue nautique, puis il attend la réponse. Mais trop souvent, ces signaux sont lettre morte : on parle dans le désert. L'étranger ne comprend pas, car il a un autre code à son bord, de sorte qu'avec la meilleure volonté du monde, on ne peut parvenir à échanger deux phrases qui offrent un sens quelconque. On se sépare donc avec dépit, sans avoir pu se dire un mot.

Les différents codes qui ont été jusqu'ici en usage dans la marine des différentes nations, n'étaient pas sans valeur pratique ; mais aucun n'offrait assez d'avantages pour que l'on eût pu réussir à le faire adopter d'une manière générale. On connaît les Codes de signaux maritimes de Marryatt, de Rogers, de Ward, de Reynold, de Rhode et bien d'autres encore.

Le plus répandu des Codes maritimes actuels, est celui que l'on doit au capitaine anglais Marryatt.

Le *Code Marryatt* est fondé sur le système décimal. Les mots, noms et phrases formant les différentes communications qu'on peut vouloir échanger, y sont désignés par des numéros. On signale ces numéros par des combinaisons de dix pavillons de couleurs différentes, affectés aux dix chiffres 0, 1, 2, 3, 4, 5, 6, 7, 8, 9. Ces numéros renvoient au vocabulaire, qui prend ici le nom de *code de signaux*. Les combinaisons contenant plusieurs fois le même chiffre, sont exclues pour ne pas augmenter le nombre des pavillons. On arrive ainsi, en combinant jusqu'à quatre chiffres, à un total de 5 860 groupes, dont le dernier est numéroté 9 876. C'est le nombre le plus élevé que l'on puisse former avec quatre chiffres différents.

Pour augmenter le total des communications possibles, on

a imaginé de former six séries ou sections, dans lesquelles se répétaient les mêmes numéros d'ordre ; il faut donc, en outre, désigner chaque fois la série dans laquelle un numéro donné doit être cherché. On emploie, à cet effet, une caractéristique spéciale, que l'on hisse soit au-dessus des autres pavillons, soit à un mât séparé.

La première série comprend la liste des bâtiments de guerre anglais ; la deuxième, celle des bâtiments de guerre étrangers ; la troisième, les bâtiments de commerce ; la quatrième, les noms géographiques les plus importants (phares, relâches, mouillages, villes) ; la cinquième est le répertoire des phrases les plus usitées ; enfin, la sixième forme un vocabulaire de mots destinés à composer des phrases non mentionnées dans la série précédente.

Mais les 5 860 numéros de la troisième série, n'auraient jamais suffi pour désigner tous les bâtiments de commerce ; il a donc fallu la subdiviser encore une fois en trois parties, qui se distinguent l'une de l'autre par une flamme spéciale. Le nombre des signes de la plupart des communications est ainsi porté à cinq, au lieu de quatre, ce qui est un inconvénient des plus graves. La pratique a montré, en effet, que l'emploi de plus de quatre signes sur la même *drisse*, comporte de nombreuses chances d'erreurs, et si l'on se décide à hisser le cinquième pavillon sur un mât séparé, on risque encore qu'il ne soit pas aperçu.

Le principal défaut de ce système, d'ailleurs fort ingénieux, c'est le nombre insuffisant des combinaisons dont il permet de disposer. L'édition de 1854 du *Code Marryatt* contient environ 11 000 noms de bâtiments de commerce, rangés par ordre alphabétique ; tous les navires portant le même nom sont représentés par le même signal. On arrive ainsi à ne pas dépasser les ressources du système adopté. Mais la liste des bâtiments du commerce anglais, publiée en 1865, d'après le *Registrar general of shipping and seamen*, contient déjà plus de 52 000 numéros ! Comment les aurait-on fait entrer dans le Code Marryatt ? Quant à l'idée de donner le même numéro aux navires de même nom, on comprendra combien elle est malencontreuse quand on saura, par exemple, que plus de cent cinquante bâtiments anglais et américains, dont le tonnage dépasse cinquante tonneaux, portent le nom d'*Élise*, sans compter ceux qui s'appellent *Élise-Anne*, *Élise-Marie*, etc.

Quatre de ces *Elise* appartiennent au port de Londres. On était bien avancé quand, après avoir échangé quelques signaux avec un navire qu'on rencontrait, on savait qu'il s'appelait *Elise* ! Aussi, les listes qui se publient aujourd'hui en Angleterre renferment-elles, non-seulement le nom et la nature du bâtiment, son tonnage et la forme de sa machine, mais encore le nom et l'adresse de l'armateur.

Le vocabulaire et le répertoire de phrases du Code Marryatt étaient également insuffisants et d'une disposition peu commode.

Les signaux du système Marryatt, qui s'exécutaient au moyen de pavillons de différentes couleurs, avaient enfin l'inconvénient de se confondre, quand ils étaient observés de loin, lorsque le calme empêchait les pavillons de flotter, ou quand la direction du vent les présentait à l'observateur dans le sens *debout*.

Tout cela pourtant ne doit pas nous empêcher de reconnaître que le Code anglais a rendu de grands services, et qu'il a servi de modèle au nouveau *Code commercial anglo-français*, que nous ferons connaître plus loin.

C'est à un marin français, M. Reynold de Chauvancy, capitaine de port, qu'appartient le grand honneur d'avoir le premier remplacé le système du capitaine Marryatt, par une combinaison infiniment plus commode et plus simple. M. Reynold substitua la forme des corps à la couleur des pavillons, en ne faisant usage, à l'imitation du système de François Sudre, que de trois formes, à savoir : un pavillon, une flamme et un globe, ou plutôt un objet opaque quelconque, tel qu'un ballon ou un chapeau.

Le système Marryatt était par lui-même très-dispendieux ; il exigeait l'emploi de séries de pavillons semblables à celles dont sont pourvus les bâtiments de l'Etat. Le système Reynold, au contraire (qui permet d'ailleurs aussi l'emploi des pavillons réglementaires), se compose d'une série de trois signes incolores, qui ne coûtent absolument rien, puisque tout navire en possède les éléments indispensables, et qui sont tout simplement : 1° un pavillon de n'importe quelle couleur ; 2° un lambeau d'étoffe figurant une flamme ; 3° et un objet opaque quelconque, tel qu'un ballon, une manne, un chapeau, etc. Un vocabulaire qui renferme plus de 18 000 mots, permet de traduire, avec ces trois signaux, toutes les idées qui peuvent être échangées dans une correspondance.

Fig. 28. — Navire exécutant les signaux du code Reynold
(communication avec le pilote d'un port).

La figure 28, fait voir un navire portant à son mât les trois
signaux, de forme différente, dont les combinaisons répondent à
l'un des 18 000 mots du vocabulaire de M. Reynold. Les numéros
de ce vocabulaire signalés au moyen de ces trois objets, servent aux
navires pour correspondre à distance.

Il est impossible de ne pas être frappé des avantages qui résultent,
pour la marine et le commerce maritime, de l'adoption d'une
télégraphie si simple qu'elle est à portée de toutes les intelligences,
si peu dispendieuse, qu'en toutes circonstances le plus humble
caboteur possède à son bord les éléments nécessaires pour la
représenter, et qui, traduite dans les langues les plus usitées en
marine, donnera toujours, dans toutes ces langues, au moyen d'un
même numéro, correspondant, l'explication précise du signal.
En se servant de cette *télégraphie polyglotte*, un marin, à l'entrée

d'un port étranger, pourra toujours faire comprendre ses besoins, et comprendre ce qu'on lui demandera, sans avoir préalablement étudié la langue en usage dans ce port. Il y a loin de là à ces séries de pavillons très-dispendieuses d'achat et d'entretien, qu'exige le code Marryatt. Ici, comme nous venons de le dire, les engins nécessaires à l'exécution des signaux, ne coûtent rien.

C'est par ces considérations que le système Reynold a été adopté pendant un certain temps, par le gouvernement français. Une décision du 26 juin 1855, de M. Hamelin, ministre de la marine, rendit obligatoire pour la marine marchande française, le code Reynold, que déjà son prédécesseur, le ministre Ducos, avait rendu, pendant la même année, obligatoire pour la marine militaire. L'amiral Hamelin ordonna que le code Reynold serait obligatoire à bord de tous les navires de commerce français naviguant au long cours et au cabotage, ainsi qu'à bord des bâteaux-pilotes. Afin d'assurer l'exécution de cette disposition, une apostille, portée sur le rôle d'équipage, devait mentionner que le capitaine du navire était pourvu de ce code ; en outre, le nom du navire, ainsi que celui du port d'armement, devaient être inscrits sur l'exemplaire présenté.

Il fallait obtenir des autres nations maritimes l'adoption du code Reynold, pour les relations internationales. On obtint l'adhésion de quinze nations, l'Angleterre, la Hollande, la Sardaigne, Naples, la Grèce, la Belgique, la Prusse, la Suède, la Russie, les républiques espagnoles, Hambourg, etc.

Le code Reynold fut traduit en anglais, en italien, en allemand, en suédois, etc.[37].

Le code Reynold était excellent et répondait à tous les besoins de la correspondance maritime ; mais il avait un défaut : il avait le défaut d'être français, ce que l'orgueil britannique ne pardonne guère dans les questions de marine. Il était français et par l'inventeur, et par le gouvernement qui s'était appliqué à en propager l'usage. L'Angleterre refusa donc de rester plus longtemps dans le concert des nations maritimes qui avaient adopté le Code français. Sur les observations de la marine anglaise, à laquelle vinrent se joindre, il faut le dire, des remarques émanant des officiers de notre marine impériale et de notre marine marchande, diverses enquêtes furent ouvertes. Le conseil d'amirauté, d'accord avec le comité hydrographique, reconnut que le monopole accordé au code Reynold n'était motivé par aucune considération d'intérêt public ou d'utilité pratique.

À la suite de ces diverses enquêtes, une décision rendue le 30 avril 1863, par le ministre de la marine, M. de Chasseloup-Laubat, abrogea les arrêtés de 1855.

Mais le besoin d'un code international commode et pratique, se fit alors sentir plus que jamais. L'habitude des communications postales et des dépêches télégraphiques a augmenté nos légitimes exigences. L'échange de quelques avis techniques ne peut plus suffire au marin ; il veut avoir une télégraphie à lui, qui lui permette d'exprimer toutes ses idées et de correspondre avec tous les navires qu'il rencontre sur sa route.

L'insuffisance des moyens de communication dont on disposait jusqu'ici, a été regrettée plus d'une fois, pendant les guerres de Crimée, d'Italie, en Chine, en Cochinchine, au Mexique, quand nos bâtiments se voyaient dans l'impossibilité de se faire comprendre par les navires italiens, anglais, espagnols, ou même par les navires marchands de notre nation. Il était donc urgent d'aviser aux moyens de faire cesser un état de choses aussi fâcheux.

Le gouvernement français, préoccupé depuis longtemps de la solution de ce problème, se décida à faire des ouvertures au cabinet de Londres. Une commission anglo-française fut bientôt chargée de préparer un système de signaux propre à être adopté par toutes les nations maritimes. Les projets de cette commission furent sanctionnés par un décret impérial en date du 25 juin 1864. Les dix-huit mois qui suivirent cette date furent employés à l'impression des éditions française et anglaise du nouveau *Code commercial des signaux*.

Au mois de février 1866, le ministre de la marine, M. de Chasseloup-Laubat, présentait à l'Empereur le premier exemplaire de l'édition française du *Code commercial de signaux*, qui a été élaboré par une commission anglo-française et publié simultanément à Paris et à Londres sous les auspices des deux gouvernements.

M. Larkins, membre du *Board of trade*, en Angleterre, et en France M. Sallandrouze de Lamornaix, lieutenant de vaisseau, un des jeunes officiers les plus distingués de notre marine, ont dirigé ce difficile et minutieux travail, en français et en anglais[38]. Déjà plusieurs gouvernements ont fait connaître leur désir d'adopter ce Code international, et l'on peut espérer que sous peu, toutes les nations maritimes donneront leur adhésion à cette œuvre de civilisation et de paix.

Les gouvernements anglais et français ne veulent pas imposer ce code à la marine marchande d'une manière obligatoire ; mais les avantages qui résulteront de son adoption sont trop considérables pour qu'il ne se répande pas rapidement parmi les marines de toutes les nations.

Expliquons le plan et l'usage du nouveau code international, ou *Code Larkins anglo-français*.

Toute langue maritime se compose nécessairement : 1° d'un ensemble d'idées ou de communications, qu'il s'agit de traduire par des signaux ; 2° d'un alphabet de mouvements ou d'apparitions propres à former ces signaux.

Le *système Larkins anglo-français*, consiste dans l'emploi de 78 642 combinaisons de deux, trois ou quatre consonnes, et dans l'usage d'un pavillon de forme et de couleur déterminées, pour figurer chaque consonne.

Dix-huit pavillons, représentant les dix-huit consonnes de notre alphabet, suffisent, si on les réunit par groupes de deux, de trois ou de quatre, pour obtenir ce nombre prodigieux de combinaisons différentes. Chaque combinaison est affectée à la représentation d'une idée déterminée : Elle signifie soit un mot, soit une phrase. Des vocabulaires spéciaux ou codes renferment la traduction de ces mots et de ces phrases, dans toutes les langues modernes.

Les signaux se distinguent par leur forme et par leur couleur, qui doivent être choisies parmi les plus tranchées, les plus faciles à reconnaître de loin. On n'a donc employé dans le nouveau code, que des pavillons carrés, des pavillons triangulaires (flammes) ou des pavillons carrés évidés d'un côté (guidons). Les couleurs adoptées sont : le blanc, le bleu, le jaune et le rouge. La planche imprimée des pavillons destinés à l'usage des navires marchands de toutes les nations, est formée d'un guidon rouge, de quatre flammes composées de deux couleurs, et de treize pavillons carrés, également à deux couleurs, dessinant des raies, des casiers, des croix, etc. Ces dix-huit pavillons ont été choisis parmi ceux qui étaient déjà usités dans les anciens codes ; ils seront les mêmes pour toutes les marines marchandes. Pour les marines militaires, on a composé des planches spéciales, renfermant dix-huit pavillons de même forme que ceux des navires de commerce, mais à dessins légèrement différents ; ils ont été pris parmi les signes déjà en usage à bord des navires de guerre.

Les dix-huit pavillons désignent, dans le nouveau code, les dix-huit consonnes de notre alphabet. Le guidon représente B ; les quatre flammes C, D, F, G ; les carrés H, J, K, L, M, N, P, Q, R, S, T, V, W.

On aurait pu ajouter un signal Z, si on avait voulu augmenter considérablement le nombre des combinaisons possibles ; mais 78 642 signaux qu'on obtient en combinant de différentes manières deux, trois ou quatre des pavillons adoptés, ont paru former un total bien suffisant.

Les pavillons se groupent ensemble, les uns au-dessus des autres, le long d'une drisse (corde que l'on hisse le long d'un mât). Le bâtiment interpellé lit alors, au haut du mât, un signal composé de plusieurs lettres. Il en cherche la signification dans son code, et il répond par un autre signal, après avoir cherché dans le même dictionnaire, le symbole du mot ou de la phrase qu'il veut transmettre.

Supposons, par exemple, qu'un capitaine naviguant dans l'océan Pacifique, en rencontre un autre se rendant à Valparaiso, et qui doit avoir pris la mer sans avoir eu connaissance de la déclaration de guerre entre l'Espagne et le Chili. Il veut faire savoir à l'équipage étranger que les navires espagnols bloquent les ports chiliens, et lui conseiller de suivre une autre route. À cet effet, il hissera successivement les signaux suivants, dont le *Code commercial*, qui existe à bord de l'autre navire, lui donnera la traduction fidèle dans sa langue, que nous supposerons être la langue française.

J. N.	*Guerre entre*
B. C. V. T.	*Espagne.*
B. N. S. Q.	*Chili.*

C. L. Q. P.	*Vous serez arrêté par les bâtiments du blocus.*
M. Q. B.	*Vous feriez mieux de faire route pour*
B. N. R. M.	*Callao.*
N. R. Q.	*On ne peut se procurer un bon fret.*

À cet excellent avis, le navire répondra :

N. K. B.	*Très-obligé pour*
G. M. Q. N.	*Avis.*

Sur le nombre total des combinaisons inscrites dans le code, 53 environ sont affectées aux noms des bâtiments. Mais comme ce nombre serait encore loin de suffire à la désignation de tous les navires, la série entière est laissée à la disposition de chaque nation maritime, qui pourra en répartir les signaux à sa manière ; le pavillon national servira à distinguer les navires portant le même numéro. Les 25 000 autres signaux servent à composer toutes les communications possibles. Ils représentent, comme le montre l'exemple ci-dessus, des objets, des noms géographiques, des membres de phrases ou des phrases entières, des nombres ou des syllabes permettant d'épeler les noms propres. Les combinaisons de deux ou trois signes ont été réservées pour les communications les plus utiles lors des rencontres à la mer ; celles de deux signes spécialement pour les avis importants et pressés.

Le *Code anglo-français* est divisé en deux volumes. Le premier, comprenant le dictionnaire de la langue universelle ; le second, la liste des navires. Le dictionnaire se divise lui-même en deux parties. La première présente, rangés par ordre alphabétique, les mots les plus usuels. Autour de chaque mot sont groupés les membres de phrase et les phrases dans lesquelles ce mot joue un rôle essentiel. En regard de chaque lambeau de phrase se trouve le signal qui l'exprime. L'autre partie sert à déchiffrer les signaux ; elle renferme les différentes combinaisons de consonnes, rangées par ordre alphabétique, et suivies de leur interprétation. Les différentes nations maritimes ne tarderont pas à publier des dictionnaires analogues à l'usage de leurs bâtiments.

Les signaux dont il a été question jusqu'ici, sont parfaitement visibles à des distances peu considérables, mais ils cesseraient de l'être au delà d'un certain éloignement. Dans ce cas, on emploie une autre catégorie de signaux, empruntée au code Reynold : les combinaisons d'une boule, d'une flamme et d'un pavillon carré. Ces combinaisons, au nombre de dix-huit, remplacent les dix-huit signaux de petite distance, et représentent chacune une consonne déterminée. On compose un groupe de consonnes en arborant successivement plusieurs de ces signaux, et faisant précéder le premier et suivre le dernier, par une boule élevée seule. En outre, on a affecté à chacun des dix-huit signaux de grande distance une signification spéciale et urgente ; et dans ce cas, on le fait précéder et suivre d'une boule, pour faire savoir qu'il doit être considéré isolément. Enfin, on arrivera peut-être à employer le même dictionnaire pour les signaux de nuit, en choisissant dix-huit groupes de lanternes ou d'autres objets facilement visibles, auxquels on donnera les noms des dix-huit consonnes ; mais cette question est encore à l'étude.

Fig. 29. Communication entre un navire à l'entrée d'un port et

des troupes de débarquement, au moyen des signaux du code Reynold.

Nous venons de dire que le nouveau code anglo-français, ou *Code Larkins*, conserve les signaux du code Reynold, quand on se trouve à une trop grande distance. La figure 29 représente l'application du code Reynold à ce cas particulier. On trouve expliqué comme il suit, dans l'ouvrage de M. de Reynold, la manière de communiquer entre des troupes de débarquement et des bâtiments en rade.

« En cas de détresse, dit M. Reynold, de manque de tout pour faire les signaux indiqués précédemment, un homme seul peut les représenter, ainsi que l'ont reconnu les commissions.

Un homme donc, élevant verticalement, soit au bout d'un fusil, soit au bout d'une gaffe, un objet flottant, tel qu'un pavillon un mouchoir, un lambeau d'étoffe, signifiera comme le pavillon seul des signaux de jour : *attention, aperçu, virgule*, ou le signe +.

Étendant le BRAS	⎰⎱	droit,	horizontalement, avec un objet *flottant*, il représentera	1
		»	à 45°	2
		gauche,	horizontalement	3
		»	à 45°	4
		droit,	horizontalement, avec un objet *opaque* (un chapeau, une manne)	5
		»	à 45°	6
		gauche,	horizontalement	7
		»	à 45°	8

Le bras droit *horizontal* avec un objet flottant, le bras gauche *horizontal* avec un objet opaque

9

Le bras gauche *horizontal* avec un objet flottant, le bras droit *horizontal* avec un objet opaque

0

On peut représenter ainsi toutes les combinaisons de nombres[39]. »

Nous n'avons parlé jusqu'ici que des moyens que les navires auront désormais de correspondre entre eux. Mais le *Code commercial* assure aussi leur communication avec les côtes, par l'intermédiaire des sémaphores. Depuis le 1er mai 1866, tous nos sémaphores sont en mesure d'entrer en correspondance avec les navires qui passent au large, au moyen des signaux de grande distance du *Code commercial*, composés comme à l'ordinaire, ou bien représentés par les différentes positions des ailes des sémaphores. Ces derniers vont ainsi étendre les réseaux de nos télégraphes jusque dans l'Océan. Toutes les stations de nos rivages étaient déjà transformées en véritables bureaux télégraphiques ; elles vont devenir aussi des bureaux de poste. Depuis le 15 mai 1866, les guetteurs expédient par le télégraphe électrique, ou par la poste, toutes les communications qu'ils reçoivent des bâtiments en mer. La surtaxe de transmission maritime est fixée à 2 francs pour une dépêche télégraphique ou postale de vingt groupes. Les guetteurs signaleront de même, aux navires, les ordres, avis ou dépêches des armateurs. Les dépêches maritimes pourront être formulées en groupes de deux, trois ou quatre lettres, qui représenteront, à volonté, un sens secret convenu entre l'expéditeur et le destinataire, ou une des phrases du *Code commercial*.

Tout le monde comprend l'importance de ces mesures. On n'aura plus besoin, à l'avenir, d'attendre l'arrivée des paquebots pour connaître les nouvelles qu'ils apportent. L'armateur, averti de la présence de son navire en vue de la côte, pourra lui envoyer l'ordre d'aller déposer son chargement dans tel port où il aura trouvé un placement avantageux de ses marchandises. Le même moyen servira à éviter des retards, à économiser des frais inutiles, quelquefois à prévenir une catastrophe commerciale.

Ce n'est pas tout encore : les sémaphores, grâce au *code commercial*, rempliront une autre mission, tout aussi importante que celle pour laquelle ils ont été primitivement créés. Ils serviront à faire connaître aux navires les possibilités de mauvais temps, les tempêtes qui s'approchent, enfin toutes les pressions météorologiques intéressant la navigation.

Les signaux météorologiques d'avertissement sont exécutés au moyen de cônes et de cylindres en toile. Un cône dont la pointe est tournée vers le ciel, indique un coup de vent probable, venant du nord ; si la pointe est tournée vers la terre, on doit craindre un coup de vent du sud. Ces avertissements mettront les navires à même de prendre toutes les précautions nécessaires. Enfin, un *pavillon noir* sert à avertir d'un sinistre la côte et le large, et à appeler du secours. Tant de précautions rassemblées finiront certainement par diminuer le nombre des sinistres de mer.

Bientôt, sans doute, l'expérience et la pratique auront consacré les dispositions du nouveau *Code commercial anglo-français*, et nous le verrons adopté par toutes les nations maritimes. L'initiative de la France n'aura pas été stérile en cette circonstance. S'il est impossible de supprimer les barrières de nationalités ou de frontières qui séparent les peuples modernes, au moins l'unité de langage régnera-t-elle sur la vaste étendue des mers ; et l'on verra cette langue universelle, dont le rêve a été caressé par tant de philosophes, réalisée, sinon sur la terre, au moins sur le domaine des eaux. Ainsi, l'on verra cesser la confusion des langues qui régnait sur mer ; la tour de Babel maritime aura fini son temps.

NOTES

1. Bibliothèque britannique, nos 215, 216.

2. Suétone.

3. Gibbon, Histoire de la décadence de l'empire romain, 14e vol., p. 410.

4. Sic enim Julius Cæsar, quando voluit Angliam expugnare, refertur maxima specula erexisse, ut a Gallicano littore dispositionem civitatum et castrorum Angliœ prœvideret, Similiter, possenf specula erigi in alto, contra civitates et exercitus. (Opus majus.)

5. Histoire de la télégraphie par Ignace Chappe, 1 vol. in-8. Paris, 1825, p. 38.

6. Histoire de la télégraphie, page 44, et Mémoires de l'Académie des sciences de Paris, année 1741.

7. Ces curieuses expériences ont été, faites à l'aide des tubes cylindriques qui servent à l'écoulement souterrain des eaux de Paris. Au moyen de ces tubes, M. Biot put soutenir une conversation à voix basse avec une personne placée à près d'un kilomètre de distance ; ni lui ni son interlocuteur n'eurent besoin de poser l'oreille sur le tuyau, tant la perception était aisée ; les sons leur parvenaient dans toute leur pureté, on les entendait même deux fois très-distinctement : une fois dans le tube, une autrefois à travers l'air extérieur. « Les mots dits aussi bas que lorsqu'on parle en secret à l'oreille, étaient reçus et appréciés. Des coups

146

de pistolet, tirés à l'une des extrémités, occasionnaient à l'autre une explosion considérable ; l'air était chassé du tuyau avec assez de force pour jeter à plus d'un demi-mètre des corps légers, et pour éteindre des lumières… Enfin, ajoutent les auteurs de cette expérience, le seul moyen de ne pas être entendu à cette distance eût été de ne pas parler du tout. > » (Mémoires de la Société d'Arcueil) t. II.)

Jobard a répété et a beaucoup étendu ces expériences. Il fit placer 601 pieds de tubes de zinc de 3 pouces de diamètre dans un vaste atelier. Ces tubes, dont les diverses portions étaient mal jointes, formaient entre eux onze coudes à angle droit : ils montaient et descendaient d'étage en étage ; une partie était suspendue aux murs, une autre couchée sur le plancher. Plusieurs centaines de personnes ont constaté qu'on s'entendait ainsi parfaitement, même en causant à voix basse. Ce dernier fait a mis hors de doute un point que MM. Biot et Hassenfratz n'avaient pas résolu : c'est que le bruit extérieur n'entrave pas les communications acoustiques ; en effet, pendant cette expérience, des machines à vapeur marchaient, des tours, des limes et des marteaux ébranlaient tous les étages de l'atelier, sans nuire aucunement à la perception des sons.

Des ingénieurs distingués ont étudié, en Belgique, la question de l'établissement des tubes acoustiques. On a reconnu que les conditions de succès résident dans la nature des tubes, qui doivent être composés de métaux sonores et dans leur isolement le plus complet possible par rapport au sol. Le gouvernement belge a depuis longtemps accordé l'autorisation d'établir le long des routes des tubes de ce genre. Il n'est pas douteux qu'on ne pût parvenir à correspondre ainsi entre des villes fort éloignées l'une de l'autre. Le savant Babbage se fait fort de causer de Londres avec une personne résidant à Liverpool, qui en est éloignée de 70 lieues. Rumford était plus hardi, il pensait que la voix humaine peut franchir ainsi des centaines de lieues.

8.	Lettre de Franklin du 20 juillet 1762.

9.	Le télégraphe solaire a été proposé en 1856, par un employé des télégraphes, M. Leseurre. Il repose sur la réflexion des rayons du soleil, projetant à de grandes distances des éclairs lumineux. La répétition de ces éclairs, leur longueur ou leur brièveté, forment un alphabet particulier, qui sert à composer une écriture de convention.

Le télégraphe solaire pourrait servir à établir une correspondance rapide dans les pays où l'installation de la télégraphie électrique présenterait des difficultés ; il s'appliquerait avec de grands avantages en Afrique, pour le service de notre armée.

Comment concevoir que deux observateurs puissent correspondre entre eux par l'envoi réciproque d'éclairs dus à la réflexion des rayons solaires ?

Un faisceau de lumière solaire, réfléchi par un miroir dans une direction déterminée, se transmet, en rase campagne, à une si prodigieuse distance, que

Louis Figuier

toute la difficulté ne peut consister qu'à composer un appareil susceptible de recevoir commodément les éclairs lumineux et pouvant fonctionner pendant toute la durée du jour. Un tel appareil doit pouvoir réfléchir un faisceau lumineux dans une direction quelconque, et l'y maintenir malgré le déplacement du soleil. Il faut ensuite que les éclairs, alternativement provoqués et éteints, constituent des signaux auxquels un sens soit attaché.

Pour obtenir la fixité du faisceau réfléchi, M. Leseurre emploie deux miroirs : l'un est mobile, et suit les mouvements du soleil ; l'autre est fixe. Exposé au soleil, le miroir mobile est incliné sur un axe parallèle à l'axe du monde, et tourne autour de cet axe d'un mouvement uniforme et exactement égal au mouvement de rotation de la terre sur elle-même. Il produit donc l'effet de l'instrument de physique qui a reçu le nom d'héliostat, c'est-à-dire qu'il maintient immobile et dans la même direction le faisceau lumineux, quelle que soit l'inclinaison du soleil sur l'horizon. Le miroir fixe reçoit le faisceau lumineux réfléchi par le miroir mobile, et il l'envoie dans la direction d'une lunette et d'un écran, qui sont disposés pour le recevoir, à la station opppsée.

Pour produire un signal lumineux sur l'écran placé à l'une des stations, on imprime au miroir réflecteur un léger mouvement, au moyen d'une simple pression de la main, qui fait agir un petit ressort d'acier. Par ce léger déplacement produit par la main sur le miroir réflecteur ; et selon la rapidité de ce déplacement, la station opposée peut recevoir sur son écran des éclairs brefs ou prolongés.

On a donné à ces éclairs, brefs ou prolongés, la même signification que les lignes et les points reçoivent dans le vocabulaire du télégraphe électrique de Morse, On sait que le vocabulaire du télégraphe Morse, aujourd'hui adopté dans toute l'Europe, se compose simplement de lignes et de points. Il a été décidé que les éclairs brefs, dans le télégraphe solaire, représenteraient les points, et que les éclairs prolongés représenteraient les lignes. Avec ces lignes et ces points, on compose un alphabet et une écriture qui suffisent parfaitement à tous les besoins de la correspondance.

Il reste à dire comment, avec le télégraphe solaire, deux personnes, ignorant leur position respective, peuvent se chercher mutuellement et commencer une correspondance.

Voici comment opère le stationnaire qui veut avertir son correspondant et qui ignore sa situation. Il commence par rendre horizontal l'axe de rotation du miroir tournant, et place ce miroir de façon à réfléchir, parallèlement à son axe, la lumière solaire. Cette lumière réfléchie tombe alors sur le deuxième miroir qui est rendu vertical, et qui peut tourner autour d'un axe vertical ; ainsi disposé, ce miroir doit renvoyer successivement vers tous les points de l'horizon la lumière réfléchie par le premier miroir. La zone horizontale qu'éclaire chaque demi-rotation du miroir vertical présente un demi-degré de hauteur. Si l'on craint que quelque point n'ait échappé, on modifie un peu l'inclinaison de l'un des miroirs, et on balaye l'horizon par de nouvelles zones d'éclairs.

Tous ces mouvements sont guidés par l'écran de la lunette, qui accuse à chaque instant la direction du faisceau émergent, et dispense de toute précision. La personne que l'on cherche recevra donc quelques-uns des éclairs, reconnaîtra le point d'où ils partent, s'orientera sur ce point, et lui renverra un feu permanent sur lequel on pourra s'orienter à son tour ; la correspondance régulière pourra alors commencer.

Dans des expériences qui eurent lieu devant M. le maréchal Vaillant, on établit une correspondance très-rapide entre le mont Valérien et la terrasse de la coupole à l'Observatoire. Le même échange de signaux eut encore lieu entre les tours de Saint-Sulpice et la tour de Montlhéry, à une distance de moitié plus considérable.

On a fait une expérience bien plus satisfaisante encore, car on a constaté que lorsque le soleil, voilé par des brumes, s'efface dans le ciel et ne se manifeste plus que par une large zone argentée, le signal lumineux est pourtant toujours sensible à l'œil nu, et se montre très-brillant dans la lunette. Il résulte de là que, même en l'absence du soleil, la correspondance pourrait être continuée.

Le télégraphe solaire n'est pas, comme le télégraphe aérien, un instrument nécessairement fixe et qui exige des stations toujours les mêmes. Il peut s'installer partout. L'instrument portatif, construit par M. Leseurre, ne pèse que 8 kilogrammes. Il se monte sur un trépied en bois, et s'oriente à l'aide d'une boussole et d'un niveau à bulle d'air. Il n'occupe guère plus de volume qu'un héliostat, avec lequel il a beaucoup de ressemblance. Il est surtout remarquable par la facilité qu'on a de le transporter d'un endroit dans un autre, par le peu d'embarras qu'il cause et le peu de temps qu'il exige pour être installé et mis en place.

10.   Ces procès-verbaux sont rapportés dans l'Histoire de la télégraphie d'Ignace Chappe, note 7, pages 234-242.

11.   Moniteur universel. Séance de l'Assemblée législative du 25 mars 1792.

12.   Ed. Gerspach, Histoire administrative de la télégraphie aérienne en France, in-8°, Paris, 1861, page 16.

13.   Exposé sommaire des travaux de J. Lakanal, 1 vol. in-8°. Paris, 1838, page 220, 221.

14.   Exposé sommaire des travaux de J. Lakanal, 1 vol. in-8°, Paris, 1838, pages 220, 221.

15.   Gerspach, Histoire administrative de la télégraphie aérienne en France. in-8°, Paris, 1861, page 21.

16.   Travaux de Lakanal. Paris, 1838, in-8, p. 105-115.

17.   E. Gerspach, Histoire de la télégraphie aérienne en France, p. 28.

18.   E. Gerspach, Histoire administrative de la télégraphie aérienne en France, p. 33.

19.   ibidem, p. 33.

20.   E. Gerspach, Histoire administrative de la télégraphie aérienne en France, p. 37.

21.   E. Gerspach, Histoire administrative de la télégraphie aérienne en France, p. 47.

22.   E. Gerspach, p. 51.

23.   E. Gerspach, Histoire administrative de la télégraphie aérienne en France, p. 60.

24.   E. Gerspach, p. 58.

25.   Idem, p. 63.

26.   E. Gerspach, Histoire de la télégraphie aérienne en France, p. 73.

27.   E. Gerspach, p. 74.

28.   E. Gerspach, Histoire de la télégraphie aérienne en France, p. 81.

29.   Pages 93-95.

30.   Dans une brochure publiée en 1842, sous le titre de Télégraphe de jour et de nuit et sur laquelle nous reviendrons bientôt, M. Chatau donne les détails suivants sur la disposition qu'il a adoptée en Russie pour éclairer le télégraphe pendant la nuit.

« Mes lanternes et mes feux ne laissent rien à désirer. L'huile est le seul combustible employé. Les réservoirs sont à l'abri des froids les plus intenses. Les lampes sont à niveau constant, à mèche plate. Le foyer lumineux ne craint ni la pluie, ni le vent le plus violent, ni les mouvements les plus rapides du télégraphe. Ce foyer se maintient à un degré d'éclat suffisant durant vingt heures, sans demander aucun soin, pourvu qu'on emploie de l'huile bien épurée et de bonnes mèches. Bien que la largeur des mèches ne soit que de 12 millimètres, tous les signaux sont distingués à la distance de 30 kilomètres ; ainsi on obtient une très-bonne transmission à 12 kilomètres, la plus grande distance qui doive exister sur une ligne télégraphique.

« Si une lanterne s'éteint, le stationnaire le sait à l'instant, et cette lanterne est bientôt rallumée ; mais un pareil accident est extrêmement rare avec mon télégraphe, et je doute qu'il arrive trois fois par an sur une ligne de cent cinquante postes. Les lanternes portent un signe qui indique le côté de Varsovie ; chacune d'elles a, excepté aux postes extrêmes, deux réverbères, deux réservoirs et deux foyers… Si un verre se casse (ce qui arrive très-rarement), il faut quinze secondes pour enlever la porte dont le verre est cassé, et quinze secondes pour mettre une nouvelle porte qui est toujours prête ; mais les verres sont à l'abri de tout accident, une fois que mes lanternes sont posées au télégraphe. Quelle que soit la rapidité des mouvements du télégraphe, aucune lanterne ne peut s'ouvrir, ni se détacher, ni donner contre un poteau. »

31.   Pages 167-169.

32.   Télégraphe de jour et de nuit par Pierre-Jacques Chatau. Paris, 1842, grand in-8°, avec 3 planches gravées.

33.   E. Gerspach, Histoire administrative de la télégraphie aérienne en France, p. 87.

34.   Page 110.

35.   Gerspach, ouvrage cité, p. 112.

36.   Langue musicale universelle inventée par François Sudre, également inventeur de la Téléphonie musicale. 1866, 1 vol. in-12, contenant le Vocabulaire de la langue musicale(imprimé à Tours).

37.   L'édition française du code Reynold a pour titre : Code international. Télégraphie nautique réglementaire pour les bâtiments de guerre et de commerce français acceptée par les gouvernements d'Angleterre, des Pays-Bas, de Sardaigne, de Suède, de Grèce, de Naples, de Belgique, de Prusse, de Norwège, de Russie, de l'Uruguay, de Hambourg, d'Oldenbourg, du Chili, de Danemark, d'Autriche, etc., etc, publiée sous les auspices et par les ordres de S. Exc. M. le Ministre de la marine et des colonies, par Charles de Reynold de Chauvancy, capitaine de port, 4e édition. Paris, 1857, chez L. Hachette.

38.   Code commercial de signaux maritimes à l'usage des bâtiments de toutes les nations, Paris, in-8°, 1866, chez Galignani.

39.   Code Reynold, pp. XLII, XLIII.

ISBN : 978-1519190970

Louis Figuier

www.ingramcontent.com/pod-product-compliance
Lightning Source LLC
Chambersburg PA
CBHW051919170526
45168CB00001B/456